Das Tierreich

Eine Zusammenstellung und Kennzeichnung der rezenten Tierformen

„Πάντα ῥεῖ“ „Sine systemate chaos“

Lieferung 83

Liste der rezenten Amphibien und Reptilien

Chamaeleonidae

Prof. Dr. Robert Mertens, Frankfurt am Main

Walter de Gruyter & Co.

vormals G. J. Göschen'sche Verlagshandlung / J. Guttentag, Verlagsbuchhandlung / Georg Reimer / Karl J. Trübner / Veit & Comp.

Berlin 1966

Das Tierreich	Berlin	Lieferung 83	Seite I—X, 1—37	Juli 1966

Satz und Druck: Walter de Gruyter & Co., Berlin

Die Liste der rezenten Amphibien und Reptilien *ist*

HERRN PROF. DR. ROBERT MERTENS,

Direktor emeritus des Natur-Museums und

Forschungs-Institutes Senckenberg zu Frankfurt am Main,

als Dank der Fachkollegen für seine überragenden

Verdienste um die Herpetologie gewidmet.

Als Beiträge zur **Liste der rezenten Amphibien und Reptilien** sind bisher erschienen:

Amphibia: Gymnophiona: Caeciliidae (GORHAM, Ottawa: Lieferung 78, 1962).

Reptilia: Sauria: Gekkonidae, Pygopodidae, Xantusiidae (WERMUTH, Ludwigsburg: Lieferung 80, 1965); Helodermatidae, Varanidae, Lanthanotidae (MERTENS, Frankfurt am Main: Lieferung 79, 1963). — Serpentes: Uropeltidae (GANS, Buffalo: Lieferung 84, 1966); Colubridae: *Dipsadinae* (J. PETERS, Washington: Lieferung 81, 1965).

Als weitere Beiträge erscheinen demnächst:

Amphibia: Caudata (BRAME, Los Angeles, & FREYTAG, Berlin). — Salientia: Ascaphidae, Leiopelmatidae, Pipidae, Discoglossidae, Pelobatidae, Leptodactylidae, Rhinophrynidae (GORHAM, Saint John); Hylidae (DUELLMAN, Lawrence); Rhacophoridae, Ranidae (LAURENT, Cambridge/Mass., & POYNTON, Pietermaritzburg).

Reptilia: Testudines, Crocodylia, Rhynchocephalia (WERMUTH, Ludwigsburg, & MERTENS, Frankfurt am Main). — Sauria: Agamidae (WERMUTH, Ludwigsburg); Iguanidae (HELLMICH, München); Lacertidae (KLEMMER, Frankfurt am Main, & G. PETERS, Berlin); Amphisbaenidae (GANS, Buffalo); Anguidae, Anniellidae, Xenosauridae (WERMUTH, Ludwigsburg). — Serpentes: Typhlopidae, Leptotyphlopidae (J. PETERS, Washington); Boidae, Aniliidae (DOWLING, New York, & LEVITON, San Francisco); Xenopeltidae, Acrochordidae; Colubridae: *Colubrinae*, *Homalopsinae* (DOWLING, New York, & LEVITON, San Francisco); *Dasypeltinae* (GANS, Buffalo); Elapidae (MARX, Chicago, & KLEMMER, Frankfurt am Main); Viperidae, Crotalidae (HOGE, São Paulo).

Chamaeleonidae

bearbeitet von

Prof. Dr. Robert Mertens

Vorwort

Wie alle in dieser Reihe erscheinenden „Listen" stellt auch die vorliegende über die Familie der Chamaeleonidae natürlich keine systematische Revision dar. Aber sie soll den künftigen Monographen dieser in mannigfacher Hinsicht so bemerkenswerten Eidechsen die Arbeit erleichtern, da sie eine möglichst vollständige Übersicht über die bisher aufgestellten wissenschaftlichen Namen für die Gattungen, Untergattungen, Arten und Unterarten der Chamäleons zu geben bestrebt ist.

Bekanntlich enthält diese Familie neben einer Reihe wenig variabler Arten auch solche, die zu einer hochgradigen Vielgestaltigkeit neigen. Manche Chamäleons können nicht nur je nach Alter und Geschlecht sehr verschieden aussehen, sondern können auch je nach Areal und Lebensraum ungewöhnlich stark variieren. Daß unter diesen Umständen sowohl die Artabgrenzung wie die feinere Gliederung einer Art in Unterarten ganz besonders stark von einer rein subjektiven Auffassung abhängen muß, ist klar. Man braucht nicht nur an die bekannten Formenkreise von *Chamaeleo bitaeniatus, dilepis* oder *fischeri* zu denken, um diesen wenig befriedigenden Stand in der Chamaeleon-Systematik durch Beispiele zu belegen. Selbstverständlich steht aus diesem Grunde auch die Beurteilung vieler Chamaeleoniden-Synonyma auf recht schwachen Füßen.

Auch die Gliederung in Gattungen oder Untergattungen ist in der Familie der Chamäleons gegenwärtig noch wenig gesichert. In dieser Liste werden nur zwei Gattungen unterschieden: neben *Chamaeleo* nur noch *Brookesia*, wobei unter der letzteren Gattung nach dem Vorgehen von LOVERIDGE (1933: 329) auch die früher zu *Rhampholeon* gestellten Arten eingereiht werden. Allerdings deuten die Ausführungen PARKERS (1942: 80) darauf hin, daß *Rhampholeon* vermutlich doch als ein Taxon anerkannt werden muß. Eine gründliche Überprüfung sämtlicher hierher gehörigen Arten wird daher später möglicherweise ergeben, daß die Brookesien zumindest auf einige Untergattungen *(Brookesia, Rhampholeon, Leandria)* verteilt werden müssen. Dabei darf nicht übersehen werden, daß auch *Brookesia* (bzw. *Rhampholeon*) von *Chamaeleo* nicht scharf geschieden ist, da *Chamaeleo marshalli* eine intermediäre Stellung innehat und als ein Vertreter einer weiteren Untergattung *(Bicuspis)* betrachtet werden kann.

Von einer Aufteilung der sehr formenreichen Gattung *Chamaeleo* in mehrere Gattungen wurde in der vorliegenden Arbeit, die ja nicht mehr als eine kompilatorische „Liste" darstellt, ebenso abgesehen wie von ihrer Aufgliederung in Untergattungen, die gewiß durchaus berechtigt wäre. Ein derartiges Vorgehen wäre aber nur auf Grund einer morphologischen Untersuchung sämtlicher Chamäleon-Arten möglich. Solange jedoch eine solche Untersuchung trotz bereits vorhandener Ansätze (auch in zytogenetischer Beziehung) noch aussteht, ist meines Erachtens unbedingt Zurückhaltung geboten. Aus diesem Grunde ist auch die gegenwärtig vielfach übliche Abtrennung der südafrikanischen viviparen Zwergchamäleons unter dem Gattungsnamen *Microsaura* zu verwerfen, ganz abgesehen davon, daß sie vom rein nomenklatorischen Standpunkte beanstandet werden kann.

Die neuzeitliche Genetik hat gezeigt, daß jede Population ihren eigenen Genbestand hat, der ihr Erscheinungsbild in irgendeiner Weise beeinflußt. Das bedeutet, daß in der freien Natur zwei miteinander völlig identische Populationen kaum auftreten können. Sind nun die Populationen besonders wirksam isoliert, wie z. B. manche Berg- oder Inselbewohner, so kann es eigentlich in keiner Weise überraschen, wenn sie mehr oder weniger auffällige Unterschiede zeigen, die der Systematiker gern als Merkmale für die Beschreibung von Rassen verwertet. Daher ist es auch bei den Chamäleon-Arten — ähnlich wie bei den Lacerten — sehr viel einfacher, entweder eine große Zahl von Rassen zu unterscheiden, oder umgekehrt überhaupt keine, als den goldenen Mittelweg zu beschreiten und in der Rassenaufspaltung sparsam zu sein. Der Verfasser dieser Liste gesteht gerne ein, daß es ihm auf Grund der ihm zur Verfügung stehenden Unterlagen nur selten möglich war, sich auf diesen erstrebenswerten Mittelweg in der Chamäleon-Systematik zu begeben.

Was das Wesen der verschiedenen, systematisch verwertbaren Merkmale für die Unterscheidung der Chamäleon-Arten und besonders ihrer Rassen anbelangt, so sind sie rein morphologischer Natur. Sie können sowohl die Erscheinungsform betreffen, also etwa die Form des Körpers, die Höhe des „Helms", Größe, Form und Stellung der Kopfhörner, oder die Ausbildung der Rücken- und Schwanzkämme oder der Kopflappen, wie auch die Größe der Beschuppung, besonders auf der Mittellinie des Rückens und Bauches sowie auf der Kehle und an den Flanken. Auch der sehr verschiedene Grad in der Ausprägung der Kopfleisten ist oft in taxionomischer Beziehung sehr wesentlich. Hingegen spielen die Färbungs- und Zeichnungsmerkmale bei den Chamäleons aus naheliegenden Gründen eine geringere Rolle, obwohl auch sie bei lebenden Tieren sehr augenfällig und systematisch durchaus verwertbar sein können. Manche Zeichnungselemente, wie z. B. helle Kehl- und Bauchlinien bei gewissen Arten oder die weißlichen Flankenflecken bei der „*dilepis*"-Gruppe, sind oft auch bei konservierten Tieren gut erkennbar.

Insgesamt werden in der vorliegenden Liste 16 Arten von *Brookesia* und 69 von *Chamaeleo* unterschieden. Rechnet man die Unterarten dazu, so werden hier 20 Formen von *Brookesia* und 113 von *Chamaeleo* als valid, also insgesamt 133, angeführt, wobei der Verfasser den Eindruck hat, daß diese Zahl in Zukunft sich nur wenig vermehren, vielleicht eher verringern wird, was besonders für den Rassenkreis von *dilepis* und *pumilus* gilt. Die letzte zusammenfassende Übersicht über die Familie der Chamäleons hat Werner im Jahre 1911 im „Tierreich" gegeben. Er unterscheidet darin 74 Species von *Chamaeleo* und 14 von *Brookesia* und *Rhampholeon*; für diese Zeit vor mehr als einem halben Jahrhundert ist es bezeichnend, daß Werner bei den Arten nur ganz vereinzelt ein paar Unterarten anführt, so daß sich im ganzen 101 Arten und Unterarten dieser Gattungen ergeben. Etwa ein Vierteljahrhundert vor Werner hat Boulenger (1887) im dritten Bande seines Eidechsenkataloges die damals bekannten Chamäleons bearbeitet: es waren 44 Arten von *Chamaeleo* und 5 von *Brookesia* einschließlich *Rhampholeon*; Unterarten bzw. „Varietäten" hat er darin überhaupt nicht unterschieden. Demgegenüber stehen nur 14 *Chamaeleo*-Arten (darunter ist eine zu *Brookesia* zu stellen), die Duméril & Bibron im dritten Bande ihrer berühmten „Erpetologie générale" im Jahre 1836 gekannt haben!

Große Hilfe bei der Beurteilung einiger systematisch schwieriger Chamäleons Zentralafrikas empfing ich aus dem Studium des umfangreichen, mir freundlichst überlassenen Manuskriptes von Herrn Kollegen G. F. de Witte, das in diesen Tagen erschienen ist. Besonders wichtig waren mir seine ausführlichen Verbreitungsangaben, die ich sonst infolge der jüngsten politischen Umgestaltung und den damit zusammenhängenden Länder-Umbenennungen des schwarzen Kontinents nur summarisch hätte machen können. Im übrigen hat die vorliegende Arbeit in erster Linie einen nomenklatorischen, nicht taxionomischen Charakter. Deshalb fanden in den Synonymie-Listen außer den Zitaten von Urbeschreibungen und von gegenwärtig gültigen Namenskombinationen nur noch Zitate mit neuen Gattungs-, Art- und Unterart-Namen Aufnahme. Mit Ausnahme der WERNERschen Chamaeleoniden-Monographie im „Tierreich" wurden also sonst keine Chamäleon-Arbeiten zitiert. Doch sei auf die wichtigsten davon aus der neueren Zeit hier hingewiesen:

ANGEL, F. (1942): Les lézards de Madagascar. — Mém. Acad. malg., Tananarive, *36*.

HILLENIUS, D. (1959): The differentiation within the genus *Chamaeleo* LAURENTI 1768. — Beaufortia, Amsterdam, *8* Nr. 89: 1—92; 31 Abb.

— (1963): Notes on chameleons. I. Comparative cytology: aid and new complications in chameleon-taxonomy. — Beaufortia, Amsterdam, *9* Nr. 108: 201—218.

LOVERIDGE, A. (1933): Reports on the scientific results of an expedition to the Southwestern highlands of Tanganyika territory. — Bull. Mus. comp. Zool., Cambridge, Mass., *74*: 197—416; 2 Taf.

— (1957): Check list of the reptiles and amphibians of East Africa (Uganda; Kenya; Tanganyika; Zanzibar). — Bull. Mus. comp. Zool., Cambridge, Mass., *117*: 153—362; I—XXXVI.

PARKER, H. W. (1942): The lizards of British Somaliland. — Bull. Mus. comp. Zool., Cambridge, Mass., *91*: 1—101; 10 Abb.

RAND, A. S. (1963): Notes on the *Chamaeleo bitaeniatus* complex. — Bull. Mus. comp. Zool., Cambridge, Mass., *130*: 1—29.

WERNER, F. (1911): Chamaeleontidae. — Das Tierreich, Berlin, Lief. *27*.

WITTE, G. F. de (1965): Les caméléons de l'Afrique centrale, République du Congo, République de Rwanda et Royaume du Burundi. — Ann. Mus. r. Afr. centr., Zool., Tervuren, *142*: 1—215; Taf. 1—12.

Systematischer Index

Klasse Reptilia

Ordnung Sauria

Familie **Chamaeleonidae**

Familie **Chamaeleonidae**

Brookesia GRAY

1865 *Brookesia* GRAY, Proc. zool. Soc. London, **1864**: 467, 468, 476. — Species typica (durch Monotypie): *Chamaeleon superciliaris* KUHL 1820.
1874 *Rhampholeon* GÜNTHER, Proc. zool. Soc. London, **1874**: 443, 444; Abb. — Species typica (durch Monotypie): *Chamaeleo spectrum* BUCHHOLZ 1874.
1933 *Leandria* ANGEL, Bull. Mus. Hist. nat. Paris, (2) **5**: 443; Abb. 1, 2. — Species typica (durch Monotypie): *Leandria perarmata* ANGEL 1933.
1942 *Evoluticauda* ANGEL, Mem. Acad. malg., Tananarive, **36**: 154, 178. — Species typica (GUIBÉ 1954, non LOVERIDGE 1957): *Brookesia tuberculata* MOCQUARD 1894.

Brookesia brachyura (GÜNTHER)

1893 *Rhampholeon brachyurus* GÜNTHER, Proc. zool. Soc. London, **1892**: 555, 557; Taf. 34, Fig. 2, 2a. — Terra typica: „Shire Highlands, Nyasaland".
1951 *Brookesia brachyura* — LOVERIDGE, Bull. Mus. comp. Zool., Cambridge, Mass., **106**: 182.

Verbreitung: Malawi (Nyassaland), Ost-Afrika.

Brookesia brachyura brachyura (GÜNTHER)

1911 *Rhampholeon brevicaudatus* — WERNER, partim, Das Tierreich, Berlin, **27**: 46.
1953 *Brookesia brachyura brachyura* — LOVERIDGE, Bull. Mus. comp. Zool., Cambridge, Mass., **110**: 192.

Verbreitung: Malawi (Nyassaland), Ost-Afrika.

Brookesia brachyura ionidesi LOVERIDGE

1951 *Brookesia ionidesi* LOVERIDGE, Bull. Mus. comp. Zool., Cambridge, Mass., **106**: 179. — Terra typica: Kilwa, S.-Tanganyika.
1953 *Brookesia brachyura ionidesi* — LOVERIDGE, Bull. Mus. comp. Zool., Cambridge, Mass., **110**: 193.

Verbreitung: Südost-Tansania, Ost-Afrika.

Brookesia brevicaudata (MATSCHIE)

1892 *Chamaeleon (Brookesia) brevicaudatus* MATSCHIE, Sitz.-Ber. Ges. naturforsch. Freunde Berlin, **1892**: 107. — Terra typica: Derema, Usambara-Berge, Tanganyika.
1893 *Rhampholeon boettgeri* PFEFFER, Mitt. naturhist. Mus. Hamburg (1892), **10**: 76; Taf. 1, Fig. 6—7. — Terra typica: Bagamoyo, Tanganyika.
1911 *Rhampholeon brevicaudatus* — WERNER, partim, Das Tierreich, Berlin, **27**: 46.
1942 *Brookesia brevicaudata* — LOVERIDGE, Bull. Mus. comp. Zool., Cambridge, Mass., **91**: 371.

Verbreitung: Küstengebiet von Tansania, Ost-Afrika.

Brookesia decaryi ANGEL

1938 *Brookesia decaryi* ANGEL, Bull. Mus. Hist. nat., Paris, (n. s.) **10**: 575. — Terra typica: Wälder auf dem Massiv Ankarafantsika, Westküste von Madagaskar.

Verbreitung: Westliches Madagaskar.

Brookesia dentata MOCQUARD

1900 *Brookesia dentata* MOCQUARD, Bull. Mus. Hist. nat., Paris, **6**: 345. — Terra typica: Suberbieville, südlich von Maevatanana, N.-W.-Madagaskar.
1911 *Brookesia dentata* — WERNER, Das Tierreich, Berlin, **27**: 43.

Verbreitung: Nordwest-Madagaskar.

Brookesia ebenaui (BOETTGER)

1880 *Chamaeleo ebenaui* BOETTGER, Zool. Anz., Leipzig, **3**: 280. — Terra typica: Nossibé (= Nosy Bé) bei Madagaskar.
1887 *Brookesia ebenaui* — BOULENGER, Cat. Liz. brit. Mus., **3**: 475.
1911 *Brookesia ebenaui* — WERNER, Das Tierreich, Berlin, **27**: 42.

Verbreitung: Madagaskar, Nosy Bé.

Brookesia kerstenii (PETERS)

1868 *Chamaeleo kerstenii* PETERS, Mber. Akad. Wiss. Berlin, **1868**: 449. — Terra typica: „Wanga" = Wange südlich von Mombasa, Kenya.

Verbreitung: Von Britisch Somaliland über Somalia und Kenya bis Tansania (Tanganyika).

Brookesia kerstenii kerstenii (PETERS)

1911 *Rhampholeon kersteni* — WERNER, Das Tierreich, Berlin, **27**: 47.
1936 *Brookesia kerstenii kerstenii* — LOVERIDGE, Bull. Mus. comp. Zool., Cambridge, Mass., **79**: 335.

Verbreitung: Von Kenya bis Tansania, Ost-Afrika.

Brookesia kerstenii robecchii (BOULENGER)

1892 *Rhampholeon robecchii* BOULENGER, Ann. Mus. civ. Stor. nat. Genova (1891), (2) **12**: 13; Taf. 1, Fig. 3, 3a. — Terra typica: „Wuorandi" = Warandi, Somalia.
1897 *Rhampholeon mandera* MEEK, Field Mus. nat. Hist., Zool. Ser., Chicago, **1**: 183. — Terra typica: Mandera, Britisch Somaliland.
1911 *Rhampholeon robecchii* — WERNER, Das Tierreich, Berlin, **27**: 46.

Verbreitung: Von Britisch Somaliland über Somalia bis Nord-Kenya, Ost-Afrika.

Brookesia minima BOETTGER

1893 *Brookesia minima* BOETTGER, Kat. Rept. Mus. senckenb. naturforsch. Ges., **1**: 123, Fußnote. — Terra typica: Loucoubé auf Nossibé (Nosy Bé) bei Madagaskar.
1911 *Brookesia minima* — WERNER, Das Tierreich, Berlin, **27**: 43.

Verbreitung: Bisher ist diese Zwergform, deren Status zweifelhaft ist, nur von Nosy Bé bei Madagaskar bekannt geworden.

Brookesia nasus BOULENGER

1887 *Brookesia nasus* BOULENGER, Cat. Liz. brit. Mus., **3**: 475; Taf. 40, Fig. 4. — Terra typica: Ekongo = Ikongo, Madagaskar.
1927 *Brookesia betsileana* AHL, Zool. Anz., Leipzig, **72**: 48. — Terra typica: Betsileo, südliches Zentral-Madagaskar.
1911 *Brookesia nasus* — WERNER, Das Tierreich, Berlin, **27**: 44.

Verbreitung: Madagaskar.

Brookesia nchisiensis LOVERIDGE

1953 *Brookesia nchisiensis* LOVERIDGE, Bull. Mus. comp. Zool., Cambridge, Mass., **110**: 190; Taf. 3, Fig. 1. — Terra typica: „Nchisi Forest, 5000 feet, Nchisi Mountain, Nyasaland".

Verbreitung: Waldgebiete von Südwest-Tansania, südlich bis Nchisi-Massiv, Malawi (Nyassaland), Ost-Afrika.

Brookesia perarmata (ANGEL)

1933 *Leandria perarmata* ANGEL, Bull. Mus. Hist. nat., Paris, (2) **5**: 443; Abb. 1, 2. — Terra typica: Gebiet von Antsingy, 300 m H., Prov. Menabé, W.-Madagaskar.

Verbreitung: Westliches Madagaskar.

Brookesia platyceps (GÜNTHER)

1893 *Rhampholeon platyceps* GÜNTHER, Proc. zool. Soc. London, **1892**: 555, 556; Taf. 34, Fig. 1, 1a. — Terra typica: „Shire Highlands Nyasaland".
1933 *Brookesia platyceps* — LOVERIDGE, Bull. Mus. comp. Zool., Cambridge, Mass., **54**: 343.

Verbreitung: Malawi (Nyassaland), Ost-Afrika. Die Angabe bei WERNER (1911: 47) über das Vorkommen dieses Zwergchamäleons in Britisch-Ost-Afrika beruht auf einem Irrtum.

Brookesia platyceps platyceps (GÜNTHER)

1911 *Rhampholeon platyceps* — WERNER, Das Tierreich, Berlin, **27**: 47.
1953 *Brookesia platyceps platyceps* — LOVERIDGE, Bull. Mus. comp. Zool., Cambridge, Mass., **110**: 193.

Verbreitung: Malawi (Nyassaland), Ost-Afrika.

Brookesia platyceps carri LOVERIDGE

1953 *Brookesia platyceps carri* LOVERIDGE, Bull. Mus. comp. Zool., Cambridge, Mass., **110**: 194; Taf. 3, Fig. 2, Abb. A. — Terra typica: „Lichenya Plateau, 6000 feet. Mlanje Mountain, Nyasaland".

Verbreitung: Nur vom typischen Fundpunkt bekannt.

Brookesia spectrum (BUCHHOLZ)

1874 *Chamaeleo spectrum* BUCHHOLZ, Mber. Akad. Wiss. Berlin, **1874**: 298; Taf., Fig. 5, 6. — Terra typica: Victoria und Bonjongo, Kamerun. — Terra typica restricta (MERTENS 1938): Bonjongo.

Verbreitung: Waldgebiete Afrikas: von Kamerun und Fernando Poo im Westen bis nach Uganda, Kenya und Tansania im Osten.

Brookesia spectrum spectrum (BUCHHOLZ)

1911 *Rhampholeon spectrum* — WERNER, Das Tierreich, Berlin, **27**: 45; Abb. 17—20.
1951 *Brookesia spectrum spectrum* — LOVERIDGE, Bull. Mus. comp. Zool., Cambridge, Mass., **106**: 182.

Verbreitung: Kamerun, Fernando Poo, Congo (Brazzaville).

Brookesia spectrum boulengeri (STEINDACHNER)

1911 *Rhampholeon boulengeri* STEINDACHNER, Anz. Akad. Wiss. Wien, math.-naturwiss. Kl., **48**: 178. — Terra typica: Berge nordwestlich des Tanganyika-Sees, Kongo.
1911 *Rhampholeon affinis* STEINDACHNER, Anz. Akad. Wiss. Wien, math.-naturwiss. Kl., **48**: 178. — Terra typica: Beni, Kivu-Distr., Kongo.
1911 *Rhampholeon boulengeri* — WERNER, Das Tierreich, Berlin, **27**: 46.
1951 *Brookesia spectrum boulengeri* — LOVERIDGE, Bull. Mus. comp. Zool., Cambridge, Mass., **106**: 182.

Verbreitung: Republik Congo, (Provinzen Orientale, Kivu), Rwanda, Burundi, Tansania (Tanganyika), Kenya, Uganda.

Brookesia superciliaris (KUHL)

1820 *Chamaeleo superciliaris* KUHL, Beitr. Zool. vergl. Anat., **1**: 103. — Terra typica: nicht angegeben.
1827 *Chameleo brookesiana* GRAY, Philos. Mag., London, (2) **2**: 409. — Terra typica: „probably from Africa."
1831 *Chameleo brookesii* GRAY (nomen substitutum pro *Chameleo brookesiana* GRAY 1827) in GRIFFITH, Anim. Kingd. **9** Synops.: 53.
1843 *Chamaeleon (Furcifer) brookesii* FITZINGER. (nomen substitutum pro *Chameleo brookesiana* GRAY 1827), Syst. Rept.: 42.
1845 *Chameleo brooksianus* GRAY (ex errore), Cat. Liz. brit. Mus.: XXVIII.
1865 *Brookesia superciliaris* — GRAY, Proc. zool. Soc. London, **1864**: 477.
1911 *Brookesia superciliaris* — WERNER, Das Tierreich, Berlin, **27**: 41.
1942 *Chamaeleon brookesia* ANGEL (ex errore pro *Chameleo brookesiana* GRAY 1827), Mém. Acad. malg. Tananarive, **36**: 180.

Verbreitung: Madagaskar, Nosy Bé.

Brookesia stumpffi BOETTGER

1894 *Brookesia stumpffi* BOETTGER, Zool. Anz., Leipzig, **17**: 182. — Terra typica: Nossibé (= Nosy Bé) bei Madagaskar.
1911 *Brookesia stumpffi* — WERNER, Das Tierreich, Berlin, **27**: 42; Abb. 15, 16.

Verbreitung: Madagaskar, Nosy Bé.

Brookesia temporalis (MATSCHIE)

1892 *Chamaeleon (Brookesia) temporalis* MATSCHIE, Sitz.-Ber. Ges. naturforsch. Freunde Berlin, **1892**: 108. — Terra typica: Derema, Usambara-Berge, Tanganyika.
1911 *Chamaeleon temporalis* — WERNER, Das Tierreich, Berlin, **27**: 33.
1933 *Brookesia temporalis* — LOVERIDGE, Bull. Mus. comp. Zool., Cambridge, Mass., **74**: 342.

Verbreitung: Usambara-Berge, Tansania.

Brookesia tuberculata MOCQUARD

1894 *Brookesia tuberculata* MOCQUARD, Bull. Soc. philom., Paris, (8) **7**: 115 & C. R. Nr. 17: 3. — Terra typica: „Mont d'Ambre", N.-Madagaskar.
1911 *Brookesia tuberculata* — WERNER, Das Tierreich, Berlin, **27**: 43.

Verbreitung: Nord-Madagaskar.

Chamaeleo LAURENTI

1763 *Chamaeleon* GRONOVIUS (nomen rejectum, Opinion 89), Zoophyl., **1**: 12.
1768 *Chamaeleo* LAURENTI, Synops. Rept.: 45. — Species typica (durch Tautonymie): *Chamaeleo parisiensium* LAURENTI 1768 = *Chamaeleo chamaeleon* (LINNAEUS 1758).
1789 *Chameleo* BONNATERRE (ex errore), Tabl. encyclop., Erpétol.: 31.
1803 *Cameleo* BOSC (ex errore), Nouv. Dict., **4**: 157.
1806 *Camaeleo* DUMÉRIL (ex errore), Zool. anal.: 82.
1822 *Chameleon* FLEMING (nomen emendatum), Phil. Zool., **2**: 272.
1825 *Chamelion* GRAY (ex errore), Ann. Philos., London, (n. s.) **10**: 200.
1831 *Chaelio* A. SMITH (error typographicus). Zitiert nach LOVERIDGE, Bull. Mus. comp. Zool., Cambridge, Mass. **117**: 196, 1957.
1836 *Camaeleon* DUMÉRIL & BIBRON (ex errore), Erpét. gén., **3**: 216.
1839 *Diceros* SWAINSON (non *Diceros* GRAY 1821 = Mammalia; non *Diceros* BURMEISTER 1842 = Coleoptera), Nat. Hist. Fishes, Amph. Rept., **2**: 347, 369. — Species typica (durch Monotypie): *Diceros bifurcatus* GRIFFITH = *Chamaeleo bifidus* BRONGNIART 1800.
1839 *Trioceros* SWAINSON, Nat. Hist. Fishes, Amph. Rept., **2**: 347, 369. — Species typica (durch Monotypie): *Trioceros grayii* SWAINSON 1839 = *Chamaeleo owenii* GRAY 1831.
1843 *Bradypodion* FITZINGER, Syst. Rept.: 15, 43. — Species typica (durch ursprüngliche Bestimmung): *Chamaeleon pumilus* LATREILLE (= GMELIN 1789).
1843 *Chamaeleon* FITZINGER (non *Chamaeleon* SCUDDER 1882 = Mollusca), Syst. Rept.: 15, 42. — Species typica (durch ursprüngliche Bestimmung): *Chamaeleon africanus* CUVIER (= LAURENTI 1768).
1843 *Furcifer* FITZINGER (non *Furcifer* WAGNER 1844 = Mammalia), Syst. Rept.: 15, 42. — Species typica (durch ursprüngliche Bestimmung): *Chamaeleo bifidus* BRONGNIART 1800.
1843 *Triceras* FITZINGER (non *Triceras* LOBARZEWSKI 1840 = Spongia), Syst. Rept.: 15, 42. — Species typica (durch ursprüngliche Bestimmung): *Chamaeleo owenii* GRAY 1831.
1846 *Bradypodium* AGASSIZ (nomen emendatum pro *Bradypodion* FITZINGER 1843), Nomencl. Zool., Index univers.: 52.
1865 *Apola* GRAY, Proc. zool. Soc. London, **1864**: 467, 473. — Species typica (durch Monotypie): *Chamaeleo lateralis* GRAY 1831.
1865 *Archaius* GRAY, Proc. zool. Soc. London, **1864**: 475. — Species typica (LOVERIDGE 1957): *Chamaeleo tigris* KUHL 1820.
1865 *Calumma* GRAY, Proc. zool. Soc. London, **1864**: 468, 476. — Species typica (durch Monotypie): *Chamaeleo cucullatus* GRAY 1831.
1865 *Calyptrosaura* GRAY, Proc. zool. Soc. London, **1864**: 468. — Species typica (LOVERIDGE 1957): *Chamaeleo calyptratus* A. DUMÉRIL 1851.
1865 *Crassonota* GRAY, Proc. zool. Soc., London, **1864**: 468, 477. — Species typica (durch Monotypie): *Chamaeleon nasutus* DUMÉRIL & BIBRON 1836.
1865 *Cyneosaura* GRAY, Proc. zool. Soc., London, **1864**: 468, 479. — Species typica (durch Monotypie): *Chamaeleo pardalis* GRAY (= CUVIER 1829).
1865 *Dicranosaura* GRAY, Proc. zool. Soc., London, **1864**: 468, 478. — Species typica (LOVERIDGE 1957): *Chamaeleo bifurcus* GRAY (= *Chamaeleo bifidus* BRONGNIART 1800).

1865 *Dilepis* GRAY (non *Dilepis* WEINLAND 1858 = Cestoda), Proc. zool. Soc. London, **1864**: 472. — Species typica (durch Tautonymie): *Chamaeleo dilepis* LEACH 1819.

1865 *Ensirostris* GRAY, Proc. zool. Soc., London, **1864**: 468, 478. — Species typica (durch Monotypie): *Ensirostris melleri* GRAY 1865.

1865 *Erizia* GRAY, Proc. zool. Soc., London, **1864**: 471. — Species typica (LOVERIDGE 1957): *Chamaeleo senegalensis* DAUDIN 1802.

1865 *Lophosaura* GRAY (non *Lophosaura* GRAY 1852 = Reptilia, Dinosauria), Proc. zool. Soc. London, **1864**: 468, 474. — Species typica (LOVERIDGE 1957): *Chamaeleo pumilus* GRAY = GMELIN 1789.

1865 *Microsaura* GRAY, Proc. zool. Soc. London, **1864**: 467, 473. — Species typica (durch Monotypie): *Microsaura melanocephala* GRAY 1865.

1865 *Phumanola* GRAY, Proc. zool. Soc. London, **1864**: 467, 474. — Species typica (durch Monotypie): *Chamaeleo namaquensis* A. SMITH 1831.

1865 *Pterosaurus* GRAY (non FITZINGER 1843 = Reptilia, Agamidae), Proc. zool. Soc. London, **1864**: 467, 473. — Species typica (durch Monotypie): *Chamaeleo cristatus* GRAY (= STUTCHBURY 1837).

1865 *Sauroceras* GRAY, Proc. zool. Soc. London, **1864**: 468, 478. — Species typica (durch Monotypie): *Chamaeleon rhinoceratus* GRAY 1845.

1891 *Chamaelon* STEINDACHNER (ex errore), Sitz.-Ber. Akad. Wiss. Wien, math.-naturw. Cl., **100** 1: 307.

1956 *Bicuspis* LOVERIDGE, Breviora, Cambridge, Mass., **59**: 2. — Species typica: *Rhampholeon marshalli* BOULENGER 1906.

Chamaeleo adolfifriderici STERNFELD

1912 *Chamaeleon adolfi-friderici* STERNFELD, Wiss. Ergebn. dtsch. Zentr.-Afr.-Exped. 1907—1908, **4**, Zool. 2: 258. — Terra typica: Irumu-Mavambi Urwald, Ituri-Gebiet, Republik Congo.

Verbreitung: Republik Congo (Provinzen Orientale und Kivu), Rwanda, Uganda.

Chamaeleo affinis RÜPPELL

1843 *Chamaeleon abyssinicus* FITZINGER (nomen nudum), Syst. Rept.: 42. — Terra typica: „Abyssinien".

1845 *Chamaeleo affinis* RÜPPELL, Mus. senckenb., Frankfurt a. M., **3**: 300. — Terra typica: Abessinien.

1911 *Chamaeleon affinis* — WERNER, Das Tierreich, Berlin, **27**: 27.

Verbreitung: Äthiopien und westliches Somaliland, genauere Verbreitung unbekannt.

Chamaeleo africanus LAURENTI

1768 *Chamaeleo africanus* LAURENTI, Synops. Rept.: 46. — Terra typica: nicht angegeben, aber nach Seba (1734, **1**: 134) allgemein auf Afrika zu beziehen.

?1768 *Chamaeleo mexicanus* LAURENTI, Synops. Rept.: 45. — Terra typica: nicht angegeben.

?1768 *Chamaeleo candidus* LAURENTI, Synops. Rept.: 46. — Terra typica: nicht angegeben.

1789 *Chameleo aegiptius* BONNATERRE, Tabl. encyclop., Erpétol.: 31; Taf. 7, Fig. 3. — Terra typica: nicht angegeben, aber auf Ägypten festzulegen.

1820 *Chamaeleo calcaratus* MERREM, Versuch Syst. Amphib. 162. — Terra typica: Afrika.

1868 *Chamaeleo basiliscus* COPE, Proc. Acad. nat. Sci. Philadelphia, **20**: 316. — Terra typica: Korosko, El Derr Distr., Prov. Assuan, Ober-Ägypten.
1911 *Chamaeleon basiliscus* — WERNER, Das Tierreich, Berlin, **27**: 11; Abb. 2.

Verbreitung: Von Nigerien und Kamerun bis Somalia, Äthiopien und Ägypten (hier auch isoliert im Nildelta).

Chamaeleo anchietae BOCAGE

1872 *Chamaeleo anchietae* BOCAGE, J. Sci. Lisboa, **4**: 72; Abb. — Terra typica: Huila, Mossamedes, Angola.

Verbreitung: Angola, Republik Congo und Tansania (Tanganyika).

Chamaeleo anchietae anchietae BOCAGE

1952 *Chamaeleo anchietae anchietae* — LAURENT, Rev. Zool. Bot. afr., Bruxelles, **46**: 19.
1911 *Chamaeleon anchietae* — WERNER, Das Tierreich, Berlin, **27**: 16; Abb. 4.

Verbreitung: Angola; inwieweit die Nominatrasse weiter im Osten durch andere Rassen ersetzt wird, ist unsicher.

Chamaeleo anchietae marunguensis LAURENT

1952 *Chamaeleo anchietae marunguensis* LAURENT, Rev. Zool. Bot. afr., Bruxelles, **46**: 19. — Terra typica: „Kipiri, Alt. 2000 m, Plateau des Marungu, Terr. de Baudouinville“, westlich des Tanganyika-Sees, Republik Congo.

Verbreitung: Nur vom typischen Fundpunkt sicher bekannt, Status dieser Rasse unsicher.

Chamaeleo anchietae mertensi LAURENT

1952 *Chamaeleo anchietae mertensi* LAURENT, Rev. Zool. Bot. afr., Bruxelles, **46**: 18. — Terra typica: „Muneshele, Alt. 1400 m., Terr. de Fizi, Kivu“, Republik Congo.

Verbreitung: Nur vom typischen Fundpunkt sicher bekannt, Status dieser Rasse unsicher.

Chamaeleo anchietae vinckei LAURENT

1950 *Chamaeleo (Apola) vinckei* LAURENT, Rev. Zool. Bot. afr., Bruxelles, **43**: 349. — Terra typica: „Station d'étude des Kundelungu (1750 m). Prairies marécageuses des sources de la Lofoi“, Katanga, Republik Congo.
1952 *Chamaeleo anchietae vinckei* — LAURENT, Rev. Zool. Bot. afr., Bruxelles, **46**: 19.

Verbreitung: Kundelungu-Massiv, Katanga, Republik Congo. Der Status dieses Chamäleons ist umstritten.

Chamaeleo bifidus BRONGNIART

1800 *Chamaeleo bifidus* BRONGNIART, Bull. Soc. philom. Paris, (1) **2**: 90; Taf. 6, Fig. 2. — Terra typica: „Indes orientales“ = Madagaskar.
1820 *Chamaeleo bifurcus* KUHL (ex errore), Beitr. Zool. vergl. Anat., **1**: 103.
1843 *Chamaeleon (Furcifer) brongniarti* FITZINGER (nomen substitutum pro *Chamaeleo bifidus* BRONGNIART 1800), Syst. Rept.: 42.
1851 *Chamaeleo balteatus* A. DUMÉRIL, Cat. méth. Coll. Rept., Mus. Hist. nat. Paris: 32. — Terra typica: Madagaskar.

1839 *Chamaeleo bifurcatus* (nomen emendatum pro *Chamaeleo bifurcus* KUHL 1820) SWAINSON, Nat. Hist. Fishes, Amph. Rept., **2**: 369.
1865 *Dicranosaura bifurca* var. *crassicornis* GRAY, Proc. zool. Soc. London, **1864**: 479. Terra typica: Madagaskar.
1911 *Chamaeleon bifidus* — WERNER, Das Tierreich, Berlin, **27**: 27.
1942 *Chamaeleon balteus* ANGEL (ex errore pro *Chamaeleo balteatus* A. DUMÉRIL 1851), Mém. Acad. malg., Tananarive, **36**: 174.

Verbreitung: Östliches und südliches Madagaskar.

Chamaeleo bitaeniatus FISCHER

1884 *Chamaeleo bitaeniatus* FISCHER, Jb. hamburg. wiss. Anst., **1**: 23; Taf. 2, Fig. 7a, b. — Terra typica: Naivasha-See, Kenya.
1911 *Chamaeleon bitaeniatus* — WERNER, Das Tierreich, Berlin, **27**: 14.

Verbreitung: Sudan, Äthiopien, Somalia, Kenya, Uganda, östlichster Teil der Republik Congo (Provinz Kivu), Tansania (Tanganyika).

Chamaeleo bitaeniatus bitaeniatus FISCHER

1887 *Chamaeleo bivittatus* F. MÜLLER (ex errore), Verh. naturforsch. Ges. Basel, 8: 294. — Witu, Kenya.
1911 *Chamaeleon bitaeniatus bitaeniatus* — WERNER, Das Tierreich, Berlin, **27**: 15.

Verbreitung: Äthiopien und Somalia, südlich über Uganda und Kenya bis zum nördlichen und westlichen Tansania (Tanganyika).

Chamaeleo bitaeniatus ellioti GÜNTHER

1895 *Chamaeleon ellioti* GÜNTHER, Ann. Mag. nat. Hist., London, (6) **15**: 524; Taf. 21, Fig. A. — Terra typica restricta (LOVERIDGE 1957): Bugoye, Ostfuß des Ruwenzori, Uganda.
1897 *Chamaeleon bitaeniatus* var. *ellioti* — TORNIER, Kriecht. Deutsch-Ost-Afr.: 54.
1911 *Chamaeleon bitaeniatus ellioti* — WERNER, Das Tierreich, Berlin, **27**: 15; Abb. 3.
1922 *Chamaeleon bequaerti* DE WITTE, Rev. zool. afr., Bruxelles, **10**: 69; Taf. 2, Fig. 1. — Terra typica: Beni, Kivu-Distr., Kongo.

Verbreitung: Osten der Republik Kongo (Provinzen Orientale und Kivu), Rwanda, Burundi, Tansania (Tanganyika), Kenya, Uganda.

Chamaeleo bitaeniatus kinetensis SCHMIDT

1943 *Chameleo* (sic!) *bitaeniatus kinetensis*, SCHMIDT, Zool. Ser., Field Mus. nat. Hist., Chicago, **24**: 336. — Terra typica: „Mount Kineti, Imatong Mountains, Anglo-Egyptian Sudan. Altitude 10,458 feet".

Verbreitung: Nur vom typischen Fundpunkt bekannt.

Chamaeleo boettgeri BOULENGER

1888 *Chamaeleon boettgeri* BOULENGER, Ann. Mag. nat. Hist., London, (6) **1**: 23; Taf. 2, Fig. 3. — Terra typica: Nossi Bé (= Nosy Bé) bei Madagaskar.
1903 *Chamaeleon macrorhinus* BARBOUR, Proc. biol. Soc. Washington, **16**: 61. — Terra typica: Madagaskar.
1911 *Chamaeleon boettgeri* — WERNER, Das Tierreich, Berlin **27**: 39; Abb. 13.

Verbreitung: Nord-Madagaskar und Nosy Bé.

Chamaeleo brevicornis GÜNTHER

1879 *Chamaeleon brevicornis* GÜNTHER, Proc. zool. Soc. London, **1879**: 148; Fig. A. — Terra typica: Antananarive (= Tananarive), Madagaskar.
1879 *Chamaeleon gularis* GÜNTHER, Proc. zool. Soc. London, **1879**: 149; Taf. 12, Fig. B. — Terra typica: Antananarive (= Tananarive), Madagaskar.
1911 *Chamaeleon brevicornis* — WERNER, Das Tierreich, Berlin, **27**: 31; Abb. 9.

Verbreitung: Madagaskar, überwiegend im Norden und Osten.

Chamaeleo calyptratus A. DUMÉRIL

1851 *Chamaeleo calyptratus* A. DUMÉRIL, Cat. méth. Coll. Rept., Mus. Hist. nat. Paris: 31. — Terra typica: nicht angegeben; erst 1852 irrigerweise „Région du Nil" genannt.
1911 *Chamaeleon calyptratus* — WERNER, Das Tierreich, Berlin, **27**: 11.

Verbreitung: Yemen und Südwesten der Südarabischen Föderation.

Chamaeleo campani GRANDIDIER

1872 *Chamaeleon campani* GRANDIDIER, Ann. Sci. nat. Zool., Paris, (5) **15** art. 20: 8. — Terra typica: Ankaratra-Massiv, Zentral-Madagaskar.
1881 *Chamaeleo octotaeniatus* BOETTGER, Abh. senckenb. naturf. Ges., Frankfurt a.M., **12**: 479. — Terra typica: Tsiafakafo, zwischen 19°—20° s. Br. und 47°—48° ö-L., Madagaskar.
1911 *Chamaeleon campani* — WERNER, Das Tierreich, Berlin, **27**: 17.

Verbreitung: Madagaskar, überwiegend im zentralen und östlichen Teile.

Chamaeleo carpenteri PARKER

1929 *Chamaeleo carpenteri* PARKER, Ann. Mag. nat. Hist., London, (10) **3**: 280; Abb. — Terra typica: Ruwenzori, 6500 Fuß H., Uganda.

Verbreitung: Uganda, Republik Congo (Provinz Kivu), Ost-Afrika.

Chamaeleo cephalolepis GÜNTHER

1880 *Chamaeleon cephalolepis* GÜNTHER, Ann. Mag. nat. Hist., London, (5) **6**: 237; Abb. — Terra typica: „Comoro Islands".
1911 *Chamaeleon cephalolepis* — WERNER, Das Tierreich, Berlin, **27**: 20.

Verbreitung: Groß-Comoro; ob auf anderen Inseln des Comoro-Archipels vorkommend, noch ungeklärt.

Chamaeleo chamaeleon (LINNAEUS)

1758 *Lacerta chamaeleon* LINNAEUS, Syst. Nat., Ed. 10, **1**: 204. — Terra typica restricta (MERTENS & L. MÜLLER 1928): Nordafrika.
1795 *Chamaeleon mntabilis* MEYER (error typographicus; nomen substitutum pro *Lacerta chamaeleon* LINNAEUS 1758), Synops. Rept.: 27.
1802 *Chamaeleon vulgaris* DAUDIN (nomen substitutum pro *Lacerta chamaeleon* LINNAEUS 1758), Hist. nat. Rept., **4**: 181.
1866 *Chamaeleon fasciatus* J. A. SMITH, Proc. phys. Soc. Edinburgh, **3**: 306. — Terra typica: „Old Calabar".
1911 *Chamaeleon chamaeleon* — WERNER, Das Tierreich, Berlin, **27**: 10.
1936 *Chamaeleo chamaeleon* STEJNEGER, Copeia, Ann Arbor, **1936**: 136.

Verbreitung: Von Süd-Spanien und Nord-Afrika bis Südwest-Asien und zur Arabischen Halbinsel; Süd-Indien und Ceylon.

Chamaeleo chamaeleon chamaeleon (LINNAEUS)

1768 *Chamaeleo parisiensium* LAURENTI, Synops. Rept.: 45. — Terra typica: „in India orientali".
1820 *Chamaeleon carinatus* MERREM (nomen substitutum pro *Chamaeleo parisiensium* LAURENTI 1768), Vers. Syst. Amphib.: 162.
1832 *Cameleo siculus* GROHMANN, Nuov. Descr. Camel. sicul., **1**: 7; Taf. 1, Fig. 1. — Terra typica: Monte Pellegrino bei Palermo, Sizilien.
1843 *Chamaeleon hispanicus* FITZINGER (nomen nudum), Syst. Rept., **1**: 42.
1843 *Chamaeleon rimulosus* GRAVENHORST (nomen nudum) in FITZINGER, Syst. Rept., **1**: 42.
1845 *Chamaeleo parisiensis* GRAY (nomen substitutum pro *Chamaeleo parisiensium* LAURENTI 1768), Cat. Liz. brit. Mus.: 265.
1862 *Chamaeleo cinereus* STRAUCH, Mém. Acad. Sci. St. Pétersbourg, (7) **6** 7: 21. — Terra typica restricta (MERTENS & WERMUTH 1960): Algerien.
1865 *Chamaeleon auratus* GRAY, Proc. zool. Soc. London, **1864**: 469. — Terra typica: „Arabia".
1887 *Chamaeleo saharicus* F. MÜLLER, Verh. naturforsch. Ges. Basel, **8**: 295. — Terra typica: Boussaada, Algerien.
1911 *Chamaeleon chamaeleon chamaeleon* — WERNER, Das Tierreich, Berlin, **27**: 10.
1911 *Chamaeleon chamaeleon saharicus* — WERNER, Das Tierreich, Berlin, **27**: 10.
1940 *Chamaeleo chamaeleon chamaeleon* — MERTENS & L. MÜLLER, Abh. senckenb. naturforsch. Ges., Frankfurt a. M., **451**: 25.

Verbreitung: Von Süd-Spanien und Nord-Afrika bis nach dem südwestlichen Asien mit Ausnahme der von den nachfolgend genannten Rassen bewohnten Gebiete.

Chamaeleo chamaeleon calcarifer PETERS

1870 *Chamaeleo calcaratus* PETERS (non *Chamaeleo calcaratus* MERREM 1820), Mber. Akad. Wiss. Berlin, **1869**: 110. — Terra typica: „Bembatuka, Westküste von Madagaskar". Zu berichtigen: Südliche Arabische Halbinsel.
1871 *Chamaeleo calcarifer* PETERS (nomen substitutum pro *Chamaeleo calcaratus* PETERS 1870), Mber. Akad. Wiss. Berlin, **1870**: 110 (Fußnote).
1893 *Chamaelon* (sic!) *arabicum* MATSCHIE, Sitz.-Ber. Ges. naturf. Freunde Berlin, **1893**: 27. — Terra typica: „Gärten bei Lahadsch (= Oase Lahej bei Aden), Arabische Halbinsel.
1911 *Chamaeleon calcarifer* — WERNER, Das Tierreich, Berlin, **27**: 10.
1959 *Chamaeleo chamaeleon calcarifer* — HILLENIUS, Beaufortia, Amsterdam, 8 Nr. 89: 45.

Verbreitung: Südliche Arabische Halbinsel.

Chamaeleo chamaeleon musae STEINDACHNER

1900 *Chamaeleon vulgaris* var. *musae* STEINDACHNER, Denkschr. Akad. Wiss. Wien, math. naturwiss. Cl., **69**: 331. — Terra typica: Ain Musa, Sinai-Halbinsel, gegenüber Suez.
1911 *Chamaeleon chamaeleon musae* — WERNER, Das Tierreich, Berlin, **27**: 10.

Verbreitung: Ain Musa, Sinai-Halbinsel.

Chamaeleo chamaeleon orientalis PARKER

1938 *Chamaeleo chamaeleon orientalis* PARKER, Ann. Mag. nat. Hist., London, (11) **1**: 486. — Terra typica: Taif, S.-Hijaz, Saudi-Arabien.

Verbreitung: Südwestliches Saudi-Arabien und Yemen.

Chamaeleo chamaeleon recticrista BOETTGER

1880 *Chamaeleo vulgaris* var. *recticrista* BOETTGER, Ber. senckenberg. naturforsch. Ges. Frankfurt a. M., **1879/1880**: 198. — Terra typica: Haifa, Jerusalem, Beirut und Cypern. — Terra typica restricta (MERTENS 1922): Jerusalem.

1961 *Chamaeleo chamaeleon recticrista* — HOOFIEN in BARASH & HOOFIEN, Reptiles of Israel, First revision: 179.

Verbreitung: Israel, Libanon, Cypern.

Chamaeleo chamaeleon zeylanicus LAURENTI

1768 *Chamaeleo zeylanicus* LAURENTI, Syn. Rept.: 46. — Terra typica: nicht angegeben.

?1768 *Chamaeleo mexicanus* LAURENTI, Syn. Rept.: 46. — Terra typica: nicht angegeben.

1823 *Chamaeleo zebra* BORY DE ST. VINCENT, Dict. Hist. nat., **8**: 97; Atlas: Taf. 121. — Terra typica: Indien.

1843 *Chamaeleon coromandelicus* FITZINGER, Syst. Rept.: 41. — Terra typica: Indien.

1853 *Chamaeleo zeylonicus* JERDON (nomen emendatum pro *Chamaeleo zeylanicus* LAURENTI 1768), J. asiat. Soc. Bengal, Calcutta, **22**: 466.

1865 *Chamaeleo vulgaris* var. *marmoratus* GRAY, Proc. zool. Soc. London, **1864**: 469. — Terra typica: Deccan (Dukhun).

1872 *Chamaeleo ceylonicus* STOLICZKA (nomen emendatum pro *Chamaeleo zeylanicus* LAURENTI 1768), Proc. asiat. Soc. Bengal, Calcutta, **1872**: 81.

1911 *Chamaeleon calcaratus* — WERNER, Das Tierreich, Berlin, **27**: 11.

1959 *Chamaeleo chamaeleon zeylanicus* — HILLENIUS, Beaufortia, Amsterdam, **8**, Nr. 89: 46.

Verbreitung: Vorder-Indien (vom südöstlichen West-Pakistan bis südlich der Ganges-Ebene), Nord-Ceylon; im Senckenberg-Museum befinden sich zwei Stücke aus Assam. Es ist bemerkenswert, daß das *zeylanicus*-Areal von dem der übrigen *chamaeleon*-Rassen durch eine breite Chamäleon-freie Zone in Baluchistan und im südlichen Iran geschieden ist.

Chamaeleo chapini DE WITTE

1964 *Chamaeleo chapini* DE WITTE, Amer. Mus. Novitat., New York, **2192**: 1; Abb. 1. — Terra typica: Lukolela, Territorium von Bikoro, Äquator-Distrikt der Provinz Equator, Republik Congo.

Verbreitung: Nur vom typischen Fundpunkt bekannt.

Chamaeleo cristatus STUTCHBURY

1837 *Chamaeleo cristatus* STUTCHBURY, Transact. linn. Soc. London, **17**: 361; Taf. 10. — Terra typica: Gabun.

1911 *Chamaeleon cristatus* — WERNER, Das Tierreich, Berlin, **27**: 33; Abb. 10.

Verbreitung: Nigeria, Kamerun, Fernando Poo, Spanisch-Guinea, Gabun.

Chamaeleo cucullatus GRAY

1831 *Chamaeleon cucullatus* GRAY in GRIFFITH, Anim. Kingd., **9**, Synops.: 54. — Terra typica: Madagaskar.
1911 *Chamaeleon cucullatus* — WERNER, Das Tierreich, Berlin, **27**: 32.

Verbreitung: Östliches Madagaskar.

Chamaeleo deremensis MATSCHIE

1892 *Chamaeleon deremensis* MATSCHIE, Sitz.-Ber. Ges. naturforsch. Freunde Berlin **1892**: 103. — Terra typica: Derema, Usambara-Berge, Tanganyika.
1911 *Chamaeleon deremensis* — WERNER, Das Tierreich, Berlin, **27**: 34.

Verbreitung: Usambara, Tansania (Tanganyika), Ost-Afrika.

Chamaeleo dilepis LEACH

1819 *Chamaeleo dilepis* LEACH in BOWDICH, Mission from Cape Coast Castle to Ashantee, App.: 493. — Terra typica: „French Congo".
1820 *Chamaeleo planiceps* MERREM, Vers. Syst. Amphib.: 162. — Terra typica: Afrika.
1838 *Chamaeleon dilepas* MARTIN (error typographicus), Proc. zool. Soc. London **1838**: 64.
1911 *Chamaeleon dilepis* — WERNER, Das Tierreich, Berlin, **27**: 13.

Verbreitung: Tropisches und südliches Afrika mit Ausnahme der westlich von Nigerien gelegenen Länder.

Chamaeleo dilepis dilepis LEACH

1820 *Chamaeleo bilobus* KUHL, Beitr. Zool. vergl. Anat., **1**: 104. — Terra typica: Französisch-Kongo.
1865 *Chamaeleon petersii* var. *kirkii* GRAY, Proc. zool. Soc. London, **1864**: 470. — Terra typica: Ost-Afrika.
1866 *Chamaeleo capellii* BOCAGE, J. Sci. Lisboa, **1**: 42, 59. — Terra typica: Benguela, Angola.
1903 *Chamaeleo angusticoronatus* BARBOUR, Proc. biol. Soc. Washington, **16**: 61. — Terra typica: Zanzibar.
1911 *Chamaeleon dilepis dilepis* — WERNER, Das Tierreich, Berlin, **27**: 13.
1911 *Chamaeleon angusticoronatus* — WERNER, Das Tierreich, Berlin, **27**: 14.

Verbreitung: West-Afrika von Nigeria südlich und östlich; Kamerun, Gabun, Spanisch-Guinea, Congo (Brazzaville), Republik Congo und Angola. Im Osten: Somalia, Uganda, Kenya, Tansania (Tanganyika einschließlich Zanzibar), Zambia (Nord-Rhodesien), Malawi (Nyassaland). In Süd-Afrika bis Natal, Transvaal, Bechuanaland und Südwest-Afrika.

Chamaeleo dilepis idjwiensis LOVERIDGE

1942 *Chamaeleo dilepis idjwiensis* LOVERIDGE, Bull. Mus. comp. Zool., Cambridge, Mass., **91**: 363; Taf. 5, Fig. 2. — Terra typica: „Upper Mulinza River, Idjwi Island, Lake Kivu, Belgian Congo".

Verbreitung: Republik Congo (Provinz Kivu), Rwanda, Burundi.

Chamaeleo dilepis isabellinus GÜNTHER

1893 *Chamaeleon isabellinus* GÜNTHER, Proc. zool. Soc. London, **1892**: 556; Taf. 33, Fig. 2. — Terra typica: Shire Highlands, Nyasaland.
1911 *Chamaeleon dilepis isabellinus* — WERNER, partim, Das Tierreich, Berlin, **27**: 14.

Verbreitung: Shire Highlands, Malawi (Nyassaland), Südost-Afrika.

Chamaeleo dilepis martensi MERTENS

1964 *Chamaeleo dilepis martensi* MERTENS, Senckenb. biol., Frankfurt a. M., **45**: 113; Abb. 1. — Terra typica: Insel Pemba, O.-Afrika.

Verbreitung: Insel Pemba, Ost-Afrika.

Chamaeleo dilepis petersii GRAY

1865 *Chamaeleon petersii* GRAY, Proc. zool. Soc. London, **1864**: 470; Abb. — Terra typica: Mocambique.
1953 *Chamaeleo dilepis petersii* — LOVERIDGE, Bull. Mus. comp. Zool., Cambridge, Mass., **110**: 186.

Verbreitung: Vermutlich ist diese noch unsichere Rasse auf die tieferen Lagen von Mocambique und Malawi in Südost-Afrika beschränkt.

Chamaeleo dilepis roperi BOULENGER

1890 *Chamaeleon roperi* BOULENGER, Proc. zool. Soc. London, **1890**: 85; Taf. 8, Fig. 4. — Terra typica: Kilifi, nördlich Mombasa, Kenya.
1902 *Chamaeleon dilepis* var. *roperi* — WERNER, Zool. Jb., Syst., Jena, **15**: 343.
1911 *Chamaeleon dilepis roperi* — WERNER, Das Tierreich, Berlin, **27**: 13.

Verbreitung: Östliches Kenya, Uganda, nordöstliches Tansania, Republik Congo. Dieses Chamäleon ist vielleicht als Species zu betrachten; wie es im westlichen Afrika verbreitet ist, etwa südlich von Gabun, bedarf noch der Klärung.

Chamaeleo dilepis ruspolii BOETTGER

1893 *Chamaeleon ruspolii* BOETTGER, Zool. Anz., Leipzig, **16**: 116. — Terra typica: Plateau von Ogaden, Somaliland.
1911 *Chamaeleon dilepis isabellinus* — WERNER, partim, Das Tierreich, Berlin, **27**: 14.
1942 *Chamaeleon dilepis ruspolii* — PARKER, Bull. Mus. comp. Zool., Cambridge, Mass., **91**: 79.

Verbreitung: Somalia, Nordost-Afrika.

Chamaeleo fallax MOCQUARD

1900 *Chamaeleon fallax* MOCQUARD, Bull. Mus. Hist. nat., Paris, **6**: 345. — Terra typica: „Forêt d'Ikongo", S. O.-Madagaskar.
1911 *Chamaeleon fallax* — WERNER, Das Tierreich, Berlin, **27**: 40.

Verbreitung: Madagaskar, mit Ausnahme des Nordens und Westens.

Chamaeleo fischeri REICHENOW

1887 *Chamaeleon fischeri* REICHENOW, Zool. Anz., Leipzig, **10**: 371. — Terra typica: Nguru-Berge, Tanganyika.

Verbreitung: Tansania (Tanganyika) und Kenya, Ost-Afrika.

Chamaeleo fischeri fischeri REICHENOW

1895 *Chamaeleon matschiei* WERNER, Verh. zool. bot. Ges. Wien, **45**: 192. — Terra typica: Usambara-Berge, Tanganyika.
1902 *Chamaeleon tornieri* WERNER, Zool. Jb., Syst., Jena, **15**: 417; Taf. 24. — Terra typica: „Mozambique" (ex errore).
1911 *Chamaeleon fischeri* — WERNER, Das Tierreich, Berlin, **27**: 28.
1911 *Chamaeleon fischeri fischeri* — WERNER, Das Tierreich, Berlin, **27**: 28.
1911 *Chamaeleon fischeri matschiei* — WERNER, Das Tierreich, Berlin, **27**: 28.
1911 *Chamaeleon fischeri vosseleri* NIEDEN, Sitz.-Ber. Ges. naturforsch. Freunde Berlin, **1913**: 238, 247; Abb. 11—18; Taf. 15, Fig. 5; Taf. 16, Fig. 9. — Terra typica: Tanga, Buloa (= Bulwa) bei Tanga Magrotto, Amani und Nguelo in Tanganyika; vgl. LOVERIDGE 1957: 204, Fußnote.

Verbreitung: Östliche Usambara-Berge, südlich bis zum Nguru-Berg, Tansania, Ost-Afrika.

Chamaeleo fischeri excubitor BARBOUR

1911 *Chamaeleo tenuis excubitor* BARBOUR, Proc. biol. Soc. Washington, **24**: 219. — Terra typica: Meru-Distrikt, Mt. Kenya, Kenya.
1911 *Chamaeleon affinis embuensis* LÖNNBERG, Sv. Vetensk.-Akad. Handl., Stockholm, **47** Nr. 6: 19; Taf. 2, Fig. 3. — Terra typica: Wälder an östlichen Abhängen des Mt. Kenya, einen Tag Marsch von Emba Boma, Kenya.

Verbreitung: Wälder am Mt. Kenya, Kenya, Ost-Afrika.

Chamaeleo fischeri multituberculatus NIEDEN

1913 *Chamaeleon fischeri multituberculatus* NIEDEN, Sitz.-Ber. Ges. naturforsch. Freunde Berlin, **1913**: 244, 248; Abb. 27—29; Taf. 15, Fig. 7; Taf. 16, Fig. 11. — Terra typica: „Philippshof bei Wilhelmstal" = Magamba bei Lushoto, westliche Usambara-Berge, Tanganyika.
1913 *Chamaeleon fischeri werneri* NIEDEN (non *Chamaeleon werneri* TORNIER 1899), Sitz.-Ber. Ges. naturforsch. Freunde Berlin, **1913**: 243, 248; Abb. 19—26; Taf. 15, Fig. 6; Taf. 16, Fig. 10. — Terra typica: Ambangala und Mlalo, westliche Usambara-Berge, Tanganyika.

Verbreitung: Westliche Usambara-Berge, Tansania, Ost-Afrika.

Chamaeleo fischeri tavetanus STEINDACHNER

1891 *Chamaeleon tavetanus* STEINDACHNER, Anz. Akad. Wiss. Wien, math.-naturwiss. Kl., **28**: 142. — Terra typica: Taveta-Wald, Kenya.
1891 *Chamaeleon tavetensis* STEINDACHNER (nomen substitutum pro *Chamaeleon tavetanus* STEINDACHNER 1891), Sitz.-Ber. Akad. Wiss. Wien, Abt. 1, **100**: 312; Taf. 1, Fig. 3—3a.
1891 *Chamaeleo abbotti* STEJNEGER, Proc. U.S. nation. Mus., Washington, **14**: 353; Abb. — Terra typica: Kilimanjaro, 4500 Fuß H., Tanganyika.
1893 *Chamaeleo taitensis* STEJNEGER (ex errore), Proc. U.S. nation. Mus., Washington, **16**: 724.
1911 *Chamaeleon tavetensis* — WERNER, Das Tierreich, Berlin, **27**: 29; Abb. 8.
1957 *Chamaeleo fischeri tavetanus* — LOVERIDGE, Bull. Mus. comp. Zool., Cambridge, Mass., **117**: 203.

Verbreitung: Teita-Berge, Kenya, westlich bis zum Kilimandscharo, Tansania, Ost-Afrika.

Chamaeleo fischeri uluguruensis LOVERIDGE

1957 *Chamaeleo fischeri uluguruensis* LOVERIDGE, Tanganyika Notes and Records, Dar-es-Salaam, **43**: 3. — Terra typica: Kingokwa, Uluguru-Berge, Tanganyika.

Verbreitung: Uluguru-Berge, Tansania, Ost-Afrika.

Chamaeleo fischeri uthmoelleri MÜLLER

1938 *Chamaeleo uthmölleri* MÜLLER, Zool. Anz., Leipzig, **122**: 20; Fig. 1, 2. — Terra typica: Urwald am Hanang (= Gurui oder Guruwe), 2300 m H., N.-Tanganyika.
1957 *Chamaeleo fischeri uthmölleri* — LOVERIDGE, Bull. Mus. comp. Zool., Cambridge, Mass., **117**: 203.

Verbreitung: Außer von Hanang nur von Oldeani bekannt, etwa 150 km nördlich davon; Nord-Tansania, Ost-Afrika.

Chamaeleo fuelleborni TORNIER

1900 *Chamaeleon fülleborni* TORNIER, Zool. Jb., Syst., Jena, **13**: 614; Fig. H. — Terra typica: „Nonde-Nike" (= Konde- und Nyika-Stämme) und „Ngosi oder Peroto-Berge um 2200 m" (= Ngosi oder Peroto-Berge), Tanganyika.
1911 *Chamaeleon fuelleborni* — WERNER, Das Tierreich, Berlin, **27**: 25.

Verbreitung: Ngosi-Vulkan, Poroto-Gebirge, Ukonde, Tansania, Ost-Afrika.

Chamaeleo furcifer VAILLANT & GRANDIDIER

1880 *Chamaeleon furcifer* VAILLANT & GRANDIDIER, Bull. Soc. philom., Paris, (7) **4**: 148. — Terra typica: Madagaskar.
1911 *Chamaeleon furcifer* — WERNER, Das Tierreich, Berlin, **27**: 30.
1913 *Chamaeleon chauvini* METHUEN & HEWITT, Ann. Transvaal Mus., Pretoria, **3**: 191; Taf. 11, Fig. 4. — Terra typica: Tamatave, O.-Madagaskar.

Verbreitung: Mittlerer und östlicher Teil von Madagaskar.

Chamaeleo gallus GÜNTHER

1877 *Chamaeleon gallus* GÜNTHER, Ann. Mag. nat. Hist., London, (4) **19**: 319; Taf. 16, Fig. B. — Terra typica: Mahanova (= Mahanoro ?), O.-Madagaskar.
1914 *Chamaeleon gallus* — WERNER, Das Tierreich, Berlin, **27**: 40.

Verbreitung: Östliches und südöstliches Madagaskar, Ile aux Prunes bei Tamatave.

Chamaeleo gastrotaenia BOULENGER

1888 *Chamaeleon gastrotaenia* BOULENGER, Ann. Mag. nat. Hist., London, (6) **1**: 103; Taf. 5, Fig. 2. — Terra typica: Madagaskar.
1900 *Chamaeleon grandidieri* MOCQUARD, Bull. Mus. Hist. nat., Paris, **6**: 345 & Bull. Soc. philom. Paris, (9) **2**: 96; Taf. 2, Fig. 1. — Terra typica: Madagaskar.
1911 *Chamaeleon gastrotaenia* — WERNER, Das Tierreich, Berlin, **27**: 26; Abb. 7.

Verbreitung: Madagaskar.

Chamaeleo globifer GÜNTHER

1879 *Chamaeleon globifer* GÜNTHER, Proc. zool. Soc., London, **1879**: 149; Taf. 13. — Terra typica: Antananarivo (= Tananarive), Madagaskar.
1911 *Chamaeleon globifer* — WERNER, Das Tierreich, Berlin, **27**: 30.

Verbreitung: Zentrale und südliche Gebiete von Madagaskar.

Chamaeleo goetzei TORNIER

1899 *Chamaeleon goetzei* TORNIER, Zool. Anz., Leipzig, **22**: 413; Taf. 2, Fig. 3. — Terra typica: Utschungwe-Berge, Uhehe, Tanganyika.

Verbreitung: Tansania, Malawi (Nyassaland), Ost-Afrika.

Chamaeleo goetzei goetzei TORNIER

1911 *Chamaeleon goetzei* — WERNER, Das Tierreich, Berlin, **27**: 17.
1953 *Chamaeleo goetzei goetzei* — LOVERIDGE, Bull. Mus. comp. Zool., Cambridge, Mass., **110**: 190.

Verbreitung: Tansania (Tanganyika), Ost-Afrika.

Chamaeleo goetzei nyikae LOVERIDGE

1953 *Chamaeleo goetzei nyikae* LOVERIDGE, Bull. Mus. comp. Zool., Cambridge, Mass., **110**: 189. — Terra typica: „Nyika Plateau, directly above Nchenachena at about 7,500 feet, Nyasaland".

Verbreitung: Malawi (Nyassaland), Südost-Afrika.

Chamaeleo gracilis HALLOWELL

1842 *Chamaeleo gracilis* HALLOWELL, J. Acad. nat. Sci. Philadelphia, **8**: 324; Taf. 18. — Terra typica: Liberien.

Verbreitung: Tropisches Afrika, im Westen von Senegal, Guinea und Sierra Leone bis Angola, im Osten vom Sudan, Äthiopien und Somalia bis zum nördlichen Tansania (Tanganyika).

Chamaeleo gracilis gracilis HALLOWELL

1856 *Chamaeleo granulosus* HALLOWELL, Proc. Acad. nat. Sci. Philadelphia, **1856**: 147. — Terra typica: West-Afrika.
?1856 *Chamaeleo burchelli* HALLOWELL, Proc. Acad. nat. Sci. Philadelphia, **1856**: 147. — Terra typica: Fernando Poo.
1885 *Chamaeleo (Chamaeleo) simoni* BOETTGER, Ber. offenbach. Ver. Naturk., **24/25**: 175, Fußnote. — Terra typica: Berge zwischen Goldküste und Ashanti-Land, Goldküste.
1911 *Chamaeleon gracilis* — WERNER, Das Tierreich, Berlin, **27**: 12.
1933 *Chamaeleo gracilis gracilis* — LOVERIDGE, Bull. Mus. comp. Zool., Cambridge, Mass., **74**: 330.

Verbreitung: Senegal, Gambia, Guinea, Sierra Leone, Liberien, Elfenbeinküste, Ghana, Nigerien, Kamerun, Gabun, Zentralafrikanische Republik, Congo (Brazzaville), Republik Congo, Tansania (Tanganyika), Kenya, Uganda, Somalia, Äthiopien und Sudan.

Chamaeleo gracilis etiennei SCHMIDT

1919 *Chamaeleon etiennei* SCHMIDT, Bull. amer. Mus. nat. Hist., New York, **39**: 574. — Terra typica: Banana, Kongo-Mündung.
1930 *Chamaeleo gracilis etiennei* — BARBOUR & LOVERIDGE, Rep. Harvard Afr. Exp. Liberia: 790.

Verbreitung: Gabun, Congo (Brazzaville), Republik Congo, Angola.

Chamaeleo guentheri BOULENGER

1888 *Chamaeleon guentheri* BOULENGER, Ann. Mag. nat. Hist., London, (6) **1**: 22; Taf. 2, Fig. 1, 2. — Terra typica: Nossi Bé bei Madagaskar.
1911 *Chamaeleon guentheri* — WERNER, Das Tierreich, Berlin, **27**: 20.

Verbreitung: Östliche und nördliche Gebiete von Madagaskar.

Chamaeleo guibei HILLENIUS

1959 *Chamaeleo guibei* HILLENIUS, Beaufortia, Amsterdam, 8 89: 30; Abb. 22, 23. — Terra typica: Mt. Tsaratanana, 1800 m. H., N. O.-Madagaskar.

Verbreitung: Nur vom typischen Fundpunkt bekannt.

Chamaeleo hoehnelii STEINDACHNER

1891 *Chamaelon höhnelii* STEINDACHNER, Sitz.-Ber. Akad. Wiss. Wien, math.-naturwiss. Kl., Abt. 1, **100**: 307; Taf. 1 Fig. 1, 1a. — Terra typica: Laikipia, 6000 Fuß H., Kenya.

Verbreitung: Hochgebirge von Kenya und Uganda, Ost-Afrika.

Chamaeleo hoehnelii hoehnelii STEINDACHNER

1891 *Chamaeleon leikipiensis* STEINDACHNER, Sitz.-Ber. Akad. Wiss. Wien, math.-naturwiss. Kl., Abt. 1, **100**: 309; Taf. 1 Fig. 2, 2a. — Terra typica: Laikipia, 6000 Fuß H., Kenya
1911 *Chamaeleon bitaeniatus höhneli* — WERNER, Das Tierreich, Berlin, **27**: 15.
1912 *Chamaeleon bitaeniatus bergeri* STERNFELD, Sitz.-Ber. Ges. naturf. Freunde Berlin, **1912**: 380—381; Taf. 14 Fig. 16; Taf. 16, Fig. 31. — Wiss. Ergebn. dtsch. Zentral-Afr.-Exped. 1907—1908, **4**, Zool. 2: 252. — Terra typica: „Sirgoi, südlich von Ravine" = Sergoit, nördlich von Eidama Ravine Station, Kenya.

Verbreitung: Hochländer (gewöhnlich unterhalb von 3000 m) von Ost-Uganda und Kenya, Ost-Afrika.

Chamaeleo hoehnelii altaeelgonis LOVERIDGE

1935 *Chamaeleon bitaeniatus altaeelgonis* LOVERIDGE, Bull. Mus. comp. Zool., Cambridge, Mass., **79**: 15. — Terra typica: Kaburomi, 10500 Fuß H., Mt. Elgon, Uganda.

Verbreitung: Alpine Zone über 3000 m H. des Mt. Elgon, Uganda und Kenya, Ost-Afrika.

Chamaeleo incornutus LOVERIDGE

1932 *Chamaeleon incornutus* LOVERIDGE, Bull. Mus. comp. Zool., Cambridge, Mass., **72**: 380.— Terra typica: Madehani, 7000 Fuß H., Ukinga-Berge, Tanganyika.

Verbreitung: Ukinga-, Rungwe-, Poroto-Berge, Tansania (Tanganyika), Ost-Afrika.

Chamaeleo jacksonii BOULENGER

1896 *Chamaeleon jacksonii* BOULENGER, Ann. Mag. nat. Hist., London, (6) **17**: 376. — Terra typica: „Uganda", später verbessert in Kikuyu bei Nairobi, Kenya.

Verbreitung: Kenya, Tansania (Tanganyika), Ost-Afrika.

Chamaeleo jacksonii jacksonii BOULENGER

1903 *Chamaeleon jacksoni* var. *vauerescecae* TORNIER, Zool. Jb., Syst., Jena, **19**: 176. — Terra typica: Nairobi, 2200 m H., Kikuyu, Kenya.
1911 *Chamaeleon jacksoni* — WERNER, Das Tierreich, Berlin, **27**: 26.
1911 *Chamaeleon jacksoni jacksoni* — WERNER, Das Tierreich, Berlin, **27**: 26.
1911 *Chamaeleon jacksoni vauerescecae* — WERNER, Das Tierreich, Berlin **27**: 26.

Verbreitung: Hochländer von Kenya und Tansania (Tanganyika), Ost-Afrika.

Chamaeleo jacksonii merumontanus RAND

1958 *Chamaeleo jacksoni merumontana* RAND, Breviora, Cambridge, Mass., 99: 1. — Terra typica: „Laikinoi, near Arusha, Mt. Meru, Arusha District, Northern Province, Tanganyika Territory, at 7,500 ft. alt."

Verbreitung: Mt. Meru, zwischen 7500 und 9000 Fuß Höhe, Nord-Tansania (Tanganyika), Ost-Afrika.

Chamaeleo johnstoni BOULENGER

1901 *Chamaeleon johnstoni* BOULENGER, Proc. zool. Soc. London, **1901** 2: 136; Taf. 13. — Terra typica: Ruwenzori, 6000 Fuß H., Uganda.
1926 *Chamaeleon laevigularis* L. MÜLLER, Zool. Anz., Leipzig, **65**: 197. — Terra typica: „East London", Süd-Afrika.

Verbreitung: Uganda, Republik Congo, Rwanda, Burundi, östliches Zentral-Afrika.

Chamaeleo johnstoni johnstoni BOULENGER

1911 *Chamaeleon graueri* STEINDACHNER, Anz. Akad. Wiss., Wien, **48**: 177. — Terra typica: Berge nordwestlich des Tanganyika-Sees und Bukoba, O.-Afrika.
1911 *Chamaeleon johnstoni* — WERNER, Das Tierreich, Berlin, **27**: 35.
1911 *Chamaeleon johnstoni johnstoni* — WERNER, Das Tierreich, Berlin, **27**: 35.
1911 *Chamaeleon johnstoni graueri* — WERNER, Das Tierreich, Berlin, **27**: 35.
1912 *Chamaeleon johnstoni affinis* STERNFELD (non *Chamaeleo affinis* RÜPPELL 1845), Wiss. Ergebn. dtsch. Zentr.-Afr.-Exped. 1907—1908, **4**, Zool. 2: 262; Taf. 7 Fig. 3. — Terra typica: Randberge am NW.-Ufer des Tanganyika und Irumu-Mawambi-Urwald, O.-Afrika.
1951 *Chamaeleo johnstoni crenulatus* LAURENT, Rev. Zool. Bot. Afr., Bruxelles, **44**: 360. — Terra typica: „May ya Moto, 2,450 m. Territoire de Mwenga, Kivu".

Verbreitung: Uganda, Republik Congo, Rwanda, Burundi, östliches Zentral-Afrika.

Chamaeleo johnstoni ituriensis SCHMIDT

1919 *Chamaeleon ituriensis* SCHMIDT, Bull. amer. Mus. nat. Hist., New York, **39**: 589: Taf. 31 Fig. 2; Taf. 32, Fig. 1—5. — Terra typica: Medje, Republik Congo.

1942 *Chamaeleo johnstoni ituriensis* — LOVERIDGE, Bull. Mus. comp. Zool., Cambridge, Mass., **91**: Text zu Taf. 6.
1963 *Chamaeleo johnstoni ituriensis* — HILLENIUS, Beaufortia, Amsterdam, **10**, 117: 45.

Verbreitung: Republik Congo (Provinzen Orientale, Kivu), Zentral-Afrika.

Chamaeleo lateralis GRAY

1831 *Chamaeleo lateralis* GRAY in GRIFFITH, Anim. Kingd., **9** Synops.: 53. — Terra typica: nicht angegeben, jedoch auf Madagaskar festzulegen (GRAY 1845).
1911 *Chamaeleon lateralis* — WERNER, Das Tierreich, Berlin, **27**: 16.
1921 *Chamaeleo lambertoni* ANGEL, Bull. Mus. Hist. nat. Paris, **27**: 406, 411; Abb. 7. — Terra typica: Tananarive, Zentral-Madagaskar (nach GUIBÉ 1954: Gebiet von Fito).

Verbreitung: Madagaskar.

Chamaeleo laterispinis LOVERIDGE

1932 *Chamaeleon laterispinis* LOVERIDGE, Bull. Mus. comp. Zool., Cambridge, Mass., **72**: 381. — Terra typica: Kigogo, 6000 Fuß H., Uzungwe-Berge, Tanganyika.

Verbreitung: Uzungwe-Berge, Tansania (Tanganyika), Ost-Afrika.

Chamaeleo linotus L. MÜLLER

1924 *Chamaeleon linotus* L. MÜLLER, Mitt. zool. Mus. Berlin, **2**: 95. — Terra typica: „Madagaskar".

Verbreitung: Nordost-Madagaskar (Provinz Maroantsetra).

Chamaeleo malthe GÜNTHER

1879 *Chamaeleon malthe* GÜNTHER, Proc. zool. Soc. London, **1879**: 148; Taf. 11. — Terra typica: Antananarivo (= Tananarive), Madagaskar.
1911 *Chamaeleon malthe* — WERNER, Das Tierreich, Berlin, **27**: 32.

Verbreitung: Madagaskar.

Chamaeleo marshalli BOULENGER

1906 *Rhampholeon marshalli* BOULENGER, Ann. Mag. nat. Hist., London, (7) **18**: 346; Abb. — Terra typica: Chirinda Wald, 4500 Fuß Höhe, S. O.-Mashonaland.
1911 *Rhampholeon marshalli* — WERNER, Das Tierreich, Berlin, **27**: 47.

Verbreitung: Süd-Rhodesien, Südost-Afrika.

Chamaeleo melleri (GRAY)

1865 *Ensirostris melleri* GRAY, Proc. zool. Soc. London, **1864**: 478; Taf. 32, Fig. 1. — Terra typica: Ost-Afrika, „mountains in the interior". — Terra typica restricta (LOVERIDGE 1953): Zomba, Nyassaland.
1911 *Chamaeleon melleri* — WERNER, Das Tierreich, Berlin, **27**: 37.

Verbreitung: Savannen-Wälder von Tansania (Tanganyika) und Malawi (Nyassaland), Ost-Afrika.

Chamaeleo minor GÜNTHER

1879 *Chamaeleon minor* GÜNTHER, Ann. Mag. nat. Hist., London, (5) **4**: 246; Taf. 13. — Terra typica: Fianarantsoa, Betsileo, S. O.-Madagaskar.
1911 *Chamaeleon minor* — WERNER, Das Tierreich, Berlin, **27**: 29.

Verbreitung: Südlicher Teil von Madagaskar.

Chamaeleo mlanjensis BROADLEY

1965 *Chamaeleo mlanjensis* BROADLEY, Arnoldia, S. Rhodesia, **1** 32: 1; 2 Abb. — Terra typica: „Ruo Gorge Forest on Mlanje Mountain", S.-Malawi (Nyassaland).

Verbreitung: Nur vom typischen Fundpunkt bekannt.

Chamaeleo monachus GRAY

1865 *Chamaeleo monachus* GRAY, Proc. zool. Soc. London, **1864**: 470. — Terra typica: „Madagaskar".
1911 *Chamaeleon monachus* — WERNER, Das Tierreich, Berlin, **27**: 14.

Verbreitung: Insel Sokotra.

Chamaeleo monoceras BOETTGER

1913 *Chamaeleon monoceras* BOETTGER in VOELTZKOW, Reise Ostafr., Rept. Amph.: 307; Taf. 26, Fig. 3. — Terra typica: Betsako, Mojanga, W.-Madagaskar.

Verbreitung: Nordwest-Madagaskar.

Chamaeleo montium BUCHHOLZ

1874 *Chamaeleo montium* BUCHHOLZ. Mber. Akad. Wiss. Berlin, **1874**: 88, 301; Taf., Fig. 1—4. — Terra typica: Bonjongo, Großer Kamerun-Berg.

Verbreitung: Kamerun und Fernando Poo, West-Afrika.

Chamaeleo montium montium BUCHHOLZ

1911 *Chamaeleon montium* — WERNER, Das Tierreich, Berlin, **27**: 35; Abb. 12.
1938 *Chamaeleo montium montium* — MERTENS, Abh. senckenb. naturf. Ges., Frankfurt a. M., **442**: 39.

Verbreitung: Gebiet des Großen Kamerun-Berges, besonders in höheren Lagen, West-Afrika.

Chamaeleo montium camerunensis L. MÜLLER

1909 *Chamaeleon camerunensis* L. MÜLLER, Jb. nassau. Ver. Naturk., Wiesbaden, **62**: 111. — Terra typica: Dibongo bei Edea, Kamerun.
1911 *Chamaeleon camerunensis* — WERNER, Das Tierreich, Berlin, **27**: 36.
1965 *Chamaeleo montium camerunensis* — MERTENS, Bonn. zool. Beitr. (1964), **15**: 219.

Verbreitung: Ebene südlich des Großen Kamerun-Berges, West-Afrika.

Chamaeleo montium feae BOULENGER

1906 *Chamaeleon feae* BOULENGER, Ann. Mus. civ. Stor. nat., Genova, (3) **2**: 207; 2 Abb. — Terra typica: Moka, 1300—1500 m. H., Fernando Poo.

1911 *Chamaeleon feae* — WERNER, Das Tierreich, Berlin, **27**: 37.
1965 *Chamaeleo montium feae* — MERTENS, Bonn. zool. Beitr. (1964), **15**: 212, 214.

Verbreitung: Fernando Poo, West-Afrika.

Chamaeleo montium grafi MERTENS

1938 *Chamaeleo montium grafi* MERTENS, Abh. senckenb. naturforsch. Ges., Frankfurt a. M., **442**: 41; Taf. 9, Fig. 40, 41. — Terra typica: Mongonge, 550 m H., N.-Kamerun.

Verbreitung: Nur vom typischen Fundpunkt bekannt.

Chamaeleo namaquensis A. SMITH

?1789 *Chamaeleo capensis* BONNATERRE, Tabl. encyclop., Erpétol.: 32; Taf. 7, Fig. 3. — Terra typica: nicht angegeben, aber auf die Kap-Provinz festzulegen.
1831 *Chamaeleo namaquensis* A. SMITH, S. Afr. quart. J., **5**: 17. — Terra typica: „Little Namaqualand, near mouth of Gariep or Oranje River".
1845 *Chamaeleo tuberculiferus* GRAY, Cat. Liz. brit. Mus.: 267. — Terra typica: Namaqua-Land, S. W.-Afrika.
1911 *Chamaeleon namaquensis* — WERNER, Das Tierreich, Berlin, **27**: 40; Abb. 14.

Verbreitung: Von Süd-Angola bis zur westlichen Kap-Provinz, Südwest-Afrika.

Chamaeleo nasutus DUMÉRIL & BIBRON

1836 *Chamaeleon nasutus* DUMÉRIL & BIBRON, Erpét. gén. **3**: 216. — Terra typica: Madagaskar.
1911 *Chamaeleon nasutus* — WERNER, Das Tierreich, Berlin, **27**: 39.
1933 *Chamaeleon radamanus* MERTENS, Senckenbergiana, Frankfurt a. M., **15**: 269; Abb. 3b, 3c. — Terra typica: Col Pierre Radama, 1000 m H., Provinz Maroantsetra, N. O.-Madagaskar.

Verbreitung: Madagaskar, Nosy Bé und Insel St. Marie.

Chamaeleo oshaughnessyi GÜNTHER

1881 *Chamaeleon oshaughnessyi* GÜNTHER, Ann. Mag. nat. Hist., London, (5) **7**: 358; Taf. 19. — Terra typica: Betsileo, S.O.-Madagaskar.
1911 *Chamaeleon oshaughnessyi* — WERNER, Das Tierreich, Berlin, **27**: 31.

Verbreitung: Östliche und südöstliche Gebiete von Madagaskar.

Chamaeleo oustaleti MOCQUARD

1894 *Chamaeleon oustaleti* MOCQUARD, C. R. Soc. philom. Paris, Nr. 9: 3. — Terra typica: Betsileo und Diego Suarez, Madagaskar.
1911 *Chamaeleon oustaleti* — WERNER, Das Tierreich, Berlin, **27**: 19.

Verbreitung: Madagaskar. Eingeführt im Ngong Forest bei Nairobi, Kenya, Ost-Afrika.

Chamaeleo oweni GRAY

1831 *Chamaeleo oweni* GRAY, Zool. Misc., London, Nr. 1: 7; Taf. 4. — Terra typica: Fernando Poo.

1831 *Chamaeleon owenii* GRAY in GRIFFITH, Anim. Kingd., 9 Synops.: 54. — Terra typica: Fernando Poo.
1836 *Chamaeleo tricornis* DUMÉRIL & BIBRON, Erpét. gén., 3: 227. — Terra typica: Fernando Poo.
1838 *Chamaeleon bibroni* MARTIN, Proc. zool. Soc. London, 1838: 65. — Terra typica: Fernando Poo.
1839 *Trioceros grayii* SWAINSON (nomen substitutum pro *Chamaeleo oweni* GRAY 1831), Nat. Hist. Classif. Fishes, Amphib., Rept., 2: 369.
1906 *Chamaeleo unicornis* MOCQUARD, Bull. Mus. Hist. nat. Paris, 12: 464. — Terra typica: Gabun.
1911 *Chamaeleon owenii* — WERNER, Das Tierreich, Berlin, 27: 34; Abb. 11.
1911 *Chamaeleon unicornis* — WERNER, Das Tierreich, Berlin, 27: 34.
1912 *Chamaeleon oweni* subsp. *cristata* STERNFELD (non *Chamaeleo cristatus* STUTCHBURY 1837), Wiss. Ergebn. dtsch. Zentr.-Afr.-Exped. 1907—1908: 259. — Terra typica: „Landana in Loango nördlich der Kongomündung".
1913 *Chamaeleo michelli* L. MÜLLER, Zool. Anz., Leipzig, 41: 230. — Terra typica: „Station Gô am Rulei, unterer Uelle Distrikt, Kongostaat".

Verbreitung: Nigerien, Kamerun, Fernando Poo, Spanisch Guinea' Gabun, Congo (Brazzaville), Republik Congo, Portugiesisch Congo, West- und Zentral-Afrika.

Chamaeleo pardalis CUVIER

1829 *Chamaeleo pardalis* CUVIER, Règne anim., Ed. 2, 2: 60. — Terra typica: „Ile de France" (= Mauritius).
1832 *Chamaeleo ater* LESSON, Illustr. Zool.: Taf. 4. — Terra typica: Madagaskar.
1845 *Chameleo niger* GRAY (ex errore pro *Chamaeleo ater* LESSON 1831), Cat. Liz. brit. Mus.: 266.
1891 *Chamaeleon longicauda* GÜNTHER, Ann. Mag. nat. Hist., London, (6) 8: 287; Taf. 14. — Terra typica: Anorontsangana, NW.-Madagaskar.
1899 *Chamaeleon axillaris* WERNER, Zool. Anz., Leipzig, 22: 183. — Terra typica: Madagaskar.
1911 *Chamaeleon pardalis* — WERNER, Das Tierreich, Berlin, 27: 19.
1911 *Chamaeleon longicauda* — WERNER, Das Tierreich, Berlin, 27: 20.
1923 *Chamaeleon krempfi* CHABANAUD, Bull. Mus. Hist. nat., Paris, 29: 209, 558. — Terra typica: „l'une des petites îles du golfe de Siam, peut-être Poulo Condore". Terra typica designata (hoc loco): Madagaskar.

Verbreitung: Nordwest- und Ost-Madagaskar, Nosy Bé, Nosy Faly, Insel St. Marie. Eingeführt auf Réunion und Mauritius.

Chamaeleo parsonii CUVIER

1824 *Chamael. parsonii* CUVIER, Rech. Ossem. foss., Ed. 2, 5 2: 269; Taf. 16, Fig. 30, 31. — Terra typica: nicht angegeben.
1832 *Chamaeleo madecassus* LESSON, Illustr. Zool.: Taf. 35. — Terra typica: Madagaskar.
1887 *Chamaeleon parsonsii* BOULENGER (nomen emendatum pro *Chamaeleo parsonii* CUVIER 1825), Cat. Liz. brit. Mus., 3: 466.
1911 *Chamaeleon parsonii* — WERNER, Das Tierreich, Berlin, 27: 31.
1913 *Chamaeleon parsonsi* var. *cristifer* METHUEN & HEWITT, Ann. Transvaal Mus., Pretoria, 3: 191. — Terra typica: Analamazotra, Madagaskar.
1922 *Chamaeleon partonsi* KAUDERN (ex errore), Zool. Jb., Syst., Jena, 45: 431.

Verbreitung: Madagaskar, Nosy Bé, Insel St. Marie, eingeführt auf Mauritius.

Chamaeleo pfefferi TORNIER

1900 *Chamaeleon pfefferi* TORNIER, Zool. Anz., Leipzig, **23**: 21, 22; Abb. — Terra typica: Nyassosso, Nkossogebirge, Kamerun.
1911 *Chamaeleon pfefferi* — WERNER, Das Tierreich, Berlin, **27**: 36.

Verbreitung: Kamerun, West-Afrika.

Chamaeleo polleni PETERS

1873 *Chamaeleon polleni* PETERS, Mber. Akad. Wiss. Berlin, **1873**: 792. — Terra typica: Mayotte, Comoren.
1911 *Chamaeleon polleni* — WERNER, Das Tierreich, Berlin, **27**: 21.

Verbreitung: Mayotte, Comoren.

Chamaeleo pumilus (GMELIN)

1789 *Lacerta pumila* GMELIN in LINNAEUS, Syst. Nat., Ed. 13, **1**: 1069. — Terra typica: „Habitat ad caput bonae spei"
1831 *Chameleo pumillus* GRAY (error typographicus) in GRIFFITH, Anim. Kingd., **9** Synops.: 53.
1865 *Lophosaura pumila* var. *fordii* GRAY, Proc. zool. Soc. London, **1865**: 475. — — Terra typica: „S. Afrika, on branches of underwood; from Haslar Hospital".

Verbreitung: Süd-Afrika.

Chamaeleo pumilus pumilus (GMELIN)

1820 *Chamaeleon margaritaceus* MERREM, Vers. Syst. Amphib.: 162. — Terra typica: „in Africa australi".
1911 *Chamaeleon pumilus* — WERNER, Das Tierreich, Berlin, **27**: 22.
1959 *Chamaeleo pumilus pumilus* — HILLENIUS, Beaufortia, Amsterdam, 8 89: 63.

Verbreitung: Südwestliche Kap-Provinz, Süd-Afrika.

Chamaeleo pumilus caffer BOETTGER

1889 *Chamaeleon caffer* BOETTGER, Ber. senckenberg. naturforsch. Ges., **1889**: 292. — Terra typica: Pondoland, S.-Afrika.
1911 *Chamaeleon caffer* — WERNER, Das Tierreich, Berlin, **27**: 24.
1959 *Chamaeleo pumilus caffer* — HILLENIUS, Beaufortia, Amsterdam, 8 89: 63.

Verbreitung: Umgebung von Port St. Johns, Pondoland, östliche Cap-Provinz, Süd-Afrika.

Chamaeleo pumilus damaranus BOULENGER

1887 *Chamaeleon damaranus* BOULENGER, Cat. Liz. brit. Mus., **3**: 460; Taf. 40, Fig. 3. — Terra typica: „Damaraland". — Terra typica designata (FITZSIMONS 1943): Knysna, Kap-Provinz.
1911 *Chamaeleon damaranus* — WERNER, Das Tierreich, Berlin, **27**: 24.
1959 *Chamaeleo pumilus damaranus* — HILLENIUS, Beaufortia, Amsterdam, 8 89: 63.

Verbreitung: Südliche Kap-Provinz, Süd-Afrika.

Chamaeleo pumilus gutturalis SMITH

1849 *Chamaeleo gutturalis* SMITH, Illustr. Zool. S.-Afr., Rept., App.: 3. — Terra typica: nicht angegeben.

1911 *Chamaeleon gutturalis* — WERNER, Das Tierreich, Berlin, **27**: 22.
1959 *Chamaeleo pumilus gutturalis* — HILLENIUS, Beaufortia, Amsterdam 8 89: 63.

Verbreitung: Westliche Cap-Provinz, Süd-Afrika.

Chamaeleo pumilus karroicus (METHUEN & HEWITT)

1915 *Lophosaura ventralis karroica* METHUEN & HEWITT, Transact. r. Soc. S. Afr., Cape Town, **4**: 103. — Terra typica: Beaufort West, Cap-Provinz.
1959 *Chamaeleo pumilus karroicus* — HILLENIUS, Beaufortia, Amsterdam, 8 89: 63.

Verbreitung: Karroo, südliche Cap Provinz, Süd-Afrika.

Chamaeleo pumilus melanocephalus (GRAY)

1865 *Microsaura melanocephala* GRAY, Proc. zool. Soc. London, **1864**: 474; Abb. — Terra typica: Port Natal.
1911 *Chamaeleon melanocephalus* — WERNER, Das Tierreich, Berlin, **27**: 22.
1935 *Lophosaura melanocephala kentamica* HEWITT, Rec. Albany Mus., Grahamstown, **4**: 303; Taf. 28, Fig. 3.
1959 *Chamaeleo pumilus melanocephalus* — HILLENIUS, Beaufortia, Amsterdam 8 89:63.

Verbreitung: Küstengebiet von der östlichen Cap-Provinz (Pondoland) nördlich über Natal bis nach dem südlichen Mocambique, Südost-Afrika.

Chamaeleo pumilus occidentalis (HEWITT)

1935 *Lophosaura ventralis occidentalis* HEWITT, Rec. Albany Mus., Grahamstown, **4**: 297; Taf. 27, Fig. 2, 3. — Terra typica: Namaqualand, Cap-Provinz.
1959 *Chamaeleo pumilus occidentalis* — HILLENIUS, Beaufortia, Amsterdam, 8 89: 63.

Verbreitung: Klein Namaqualand, nördlich längs des Großen Namaqualandes bis zur Lüderitz-Bucht, Süd-Afrika.

Chamaeleo pumilus taeniabronchus SMITH

1831 *Chamaeleo taeniabronchus* SMITH, S. Afr. quart. J., Nr. **5**: 17. — Terra typica: „near Algoa Bay", Kap-Provinz.
1887 *Chamaeleon taeniobronchus* BOULENGER (nomen emendatum pro *Chamaeleo taeniabronchus* SMITH 1831), Cat. Liz. brit. Mus., **3**: 458; Taf. 40, Fig. 1.
1911 *Chamaeleon taeniobronchus* — WERNER, Das Tierreich, Berlin **27**: 23.
1959 *Chamaeleo pumilus taeniobronchus* — HILLENIUS, Beaufortia, Amsterdam 8 89: 63.

Verbreitung: Gebiet der Algoa-Bay, Cap-Provinz, Süd-Afrika.

Chamaeleo pumilus transvaalensis FITZSIMONS

1930 *Chamaeleon transvaalensis* FITZSIMONS, Ann. Transvaal Mus., Pretoria, **14**: 37. — Terra typica: Haenertsburg, Transvaal.
1959 *Chamaeleo pumilus transvaalensis* — HILLENIUS, Beaufortia, Amsterdam, 8 89: 63.

Verbreitung: Transvaal und Natal, Südost-Afrika.

Chamaeleo pumilus ventralis GRAY

1845 *Chamaeleo ventralis* GRAY, Cat. Liz. brit. Mus. London: 268. — Terra typica: „South Africa".

1865 *Chamaeleo pusillus* var.? GRAY (ex errore pro *pumilus*), Proc. zool. Soc. London, **1864**: 475.
1911 *Chamaeleon ventralis* — WERNER, Das Tierreich, Berlin, **27**: 23; Abb. 5.
1959 *Chamaeleo pumilus ventralis* — HILLENIUS, Beaufortia, Amsterdam, 8 89: 63.

Verbreitung: Östliche Cap-Provinz, Süd-Afrika.

Chamaeleo quadricornis TORNIER

1899 *Chamaeleo quadricornis* TORNIER, Zool. Anz., Leipzig, **22**: 259; Abb. 2. — Terra typica: Kamerun.
1911 *Chamaeleon quadricornis* — WERNER, Das Tierreich, Berlin, **27**: 36.

Verbreitung: Manengouba-Massiv, W.-Kamerun, West-Afrika.

Chamaeleo quilensis BOCAGE

1866 *Chamaeleo dilepis* var. *quilensis* BOCAGE, J. Sci. Lisboa, **1**: 59. — Terra typica: Rio Quilo, Cabinda, W.-Afrika.
1887 *Chamaeleon parvilobus* BOULENGER, Cat. Liz. brit. Mus., **3**: 449; Taf. 39, Fig. 5. — Terra typica: Natal, Französisch-Kongo, Kamerun.
1895 *Chamaeleon quilensis* — BOCAGE, Herpétol. Angola: 60; Taf. 8, Fig. 3.
1911 *Chamaeleon dilepis quilensis* — WERNER, Das Tierreich, Berlin, **27**: 13.

Verbreitung: Togo, Nigerien, Kamerun, Spanisch-Guinea, Gabun, Congo (Brazzaville), Angola, Republik Congo, Uganda, Kenya, Tansania, Malawi (Nyassaland), Mocambique, Zambia (Nord-Rhodesien), Rhodesien, Süd-Afrika (südlicher Teil von Südwest-Afrika, Bechuana-Protektorat, südliches Transvaal, Swaziland, Natal, Zululand).

Chamaeleo rhinoceratus GRAY

1845 *Chamaeleon rhinoceratus* GRAY, Cat. Liz. brit. Mus.: 267. — Terra typica: Madagaskar.

Verbreitung: Madagaskar.

Chamaeleo rhinoceratus rhinoceratus GRAY

1872 *Chamaeleo antimena* GRANDIDIER, Ann. Sci. nat., Zool. Paris, (5) **15** art. 20: 7. — Terra typica: Westküste von Madagaskar.
1911 *Chamaeleon rhinoceratus* — WERNER, Das Tierreich, Berlin, **27**: 21.
1913 *Chamaeleon rhinoceratus* var. *lineatus* METHUEN & HEWITT, Ann. Transvaal Mus., Pretoria, **3**: 190. — Terra typica: Tsivanóa, S.W.-Madagaskar.
1942 *Chamaeleon antinema* ANGEL (ex errore pro *Chamaeleo antimena* GRANDIDIER 1872), Mém. Acad. malg., Tananarive, **36**: 165.

Verbreitung: Nordwest-, West- und Südwest-Madagaskar.

Chamaeleo rhinoceratus labordi GRANDIDIER

1872 *Chamaeleo labordi* GRANDIDIER, Ann. Sci. nat., Zool., Paris, (5) **15** art. 20: 7. — Terra typica: Westküste von Madagaskar.
1911 *Chamaeleon labordi* — WERNER, Das Tierreich, Berlin **27**: 21.
1942 *Chamaeleo barbouri* HECHENBLEIKNER, Proc. New Engl. zool. Club, Boston, **19**: 103. — Terra typica: Madagaskar.

Verbreitung: West-Madagaskar.

Chamaeleo rhinoceratus voeltzkowi BOETTGER

1893 *Chamaeleon voeltzkowi* BOETTGER, Kat. Rept. Mus. senckenberg. naturforsch. Ges., **1**: 120, Fußnote. — Terra typica: Antema, Bembatukabai, W.-Madagaskar.
1911 *Chamaeleon voeltzkowi* — WERNER, Das Tierreich, Berlin, **27**: 21.

Verbreitung: Nordwest- und West-Madagaskar.

Chamaeleo rudis BOULENGER

1906 *Chamaeleon rudis* BOULENGER, Ann. Mag. nat. Hist., London, (7) **18**: 473. — Terra typica: Ruwenzori, oberhalb von 10000 Fuß, Uganda.

Verbreitung: Hochländer in Kenya, Tansania, Republik Congo, Rwanda, Burundi, Zentral- und Ost-Afrika.

Chamaeleo rudis rudis BOULENGER

1911 *Chamaeleon bitaeniatus rudis* — WERNER, Das Tierreich, Berlin, **27**: 15.
1912 *Chamaeleon bitaeniatus graueri* STERNFELD (non *Chamaeleon graueri* STEINDACHNER 1911), Sitz.-Ber. Ges. naturforsch. Freunde Berlin, **1912**: 380; Taf. 15, Fig. 19 bis 21; Taf. 17, Fig. 33. — Wiss. Ergebn. dtsch. Zentr.-Afr.-Exped., **4**: 250. — Terra typica: Rugege- und Bugoie-Wälder, Ninagongo, 2500—3000 m; Ruwenzori 2500 m.
1912 *Chamaeleon bitaeniatus tornieri* STERNFELD (non *Chamaeleon tornieri* WERNER 1902), Sitz.-Ber. Ges. naturforsch. Freunde Berlin, **1912**: 383; Taf. 17, Fig. 35. — Terra typica: Lendu Plateau, Ituri Distr., Kongo.
1933 *Chamaeleon burgeoni* DE WITTE, Rev. Zool. Bot. Afr., Bruxelles, **24**: 120; Abb. — Terra typica: Mombasa bei Lubero, Kivu-Distr., Kongo.
1963 *Chamaeleo rudis rudis* — RAND, Bull. Mus. comp. Zool., Cambridge, Mass., **130**: 15.

Verbreitung: Republik Congo (Provinzen Orientale, Kivu), Rwanda, Burundi, West-Uganda, Zentral-Afrika.

Chamaeleo rudis schoutedeni LAURENT

1952 *Chamaeleo bitaeniatus schoutedeni* — LAURENT, Rev. Zool. Bot. afr., Bruxelles, **46**: 20. — Terra typica: „Vallée de la Kabumbe, région du mont Kabobo, alt. 2400 m., Terr. d'Albertville", Republik Congo.
1963 *Chamaeleo rudis schoutedeni* — RAND, Bull. Mus. comp. Zool., Cambridge, Mass., **130**: 18.

Verbreitung: Republik Congo (Provinzen Kivu, Katanga), Zentral-Afrika.

Chamaeleo rudis schubotzi STERNFELD

1912 *Chamaeleon bitaeniatus schubotzi* STERNFELD, Sitz.-Ber. Ges. naturforsch. Freunde Berlin, **1912**: 381; Taf. 15, Fig. 24; Taf. 17, Fig. 34. — Wiss. Ergebn. dtsch. Zentr.-Afr.-Exped., **4**: 252. — Terra typica: Mt. Kenya, etwa 4000 m H., Kenya.

Verbreitung: Mit Sicherheit nur vom typischen Fundpunkt bekannt.

Chamaeleo rudis sternfeldi RAND

1963 *Chamaeleo rudis sternfeldi* RAND, Bull. Mus. comp. Zool., Cambridge, Mass., **130**: 18. — Terra typica: Laikinae, Mt. Meru, Arusha Distr., 7500 Fuß H., Tanganyika.

Verbreitung: Meru und Kilimandjaro, Tansania (Tanganyika), Ost-Afrika.

Chamaeleo senegalensis DAUDIN

1802 *Chamaeleo senegalensis* DAUDIN, Hist. nat. Rept., **4**: 203. — Terra typica: „Sénégal".
?1768 *Chamaeleo bonae spei* LAURENTI, Synops. Rept.: 46. — Terra typica: nicht angegeben.
?1820 *Chamaeleon subcroceus* MERREM, Tent. Syst. Amphib.: 162. — Terra typica: „Africa".
1825 *Chamaeleo gymnocephalus* CAUP (= KAUP; nomen substitutum pro *Chamaeleo senegalensis* DAUDIN 1802), Isis (OKEN), Leipzig, **1825**, 1: 592.
?1831 *Chameleon galeoratus* GRAY (nomen nudum) in GRIFFITH, Anim. Kingd., **9** Synops.: 53.
?1843 *Chamaeleon leptopus* FITZINGER (nomen nudum), Syst. Rept.: 41. — Terra typica: „Senegambia".
1865 *Chamaeleon senegalensis* var. ? *leiocephalus* GRAY, Proc. zool. Soc. London, **1864**: 471. — Terra typica: nicht angegeben.

Verbreitung: Tropisches Afrika.

Chamaeleo senegalensis senegalensis DAUDIN

1887 *Chamaeleon liocephalus* — BOETTGER (nomen substitutum pro *Chamaeleon senegalensis* var. *leiocephalus* GRAY 1865), Ber. senckenb. naturf. Ges., Frankfurt a.M., **1887**: 58.
1911 *Chamaeleon senegalensis* — WERNER, Das Tierreich, Berlin, **27**: 12.
1952 *Chamaeleo senegalensis senegalensis* — LOVERIDGE, Bull. Inst. franç. Afr. noire, Dakar, **14**: 233.

Verbreitung: Von Senegal und Sierra Leone bis Nord-Kamerun, West-Afrika.

Chamaeleo senegalensis laevigatus GRAY

1863 *Chamaeleon laevigatus* GRAY, Proc. zool. Soc. London, **1863**: 95. — Terra typica: „Khartoom", Sudan; nach BOULENGER 1885: „500 miles south of Khartoum".
1887 *Chamaeleon sphaeropholis* REICHENOW, Zool. Anz., Leipzig, **10**: 370. — Terra typica: Kagehi (= Kagera), westlich des Victoria-Sees, Tanganyika.
1888 *Chamaeleon senegalensis laevigatus* — GÜNTHER, Proc. zool. Soc. London, **1888**:50.
1911 *Chamaeleon laevigatus* — WERNER, Das Tierreich, Berlin, **27**: 18.
1951 *Chamaeleon senegalensis* var. *tibatiensis* MONARD, Mem. Inst. franç. Afr. noire (Sci. nat.), Dakar, **1**: 141. — Terra typica: Tibati, Kamerun.

Verbreitung: Von Ghana, Kamerun und der Zentral-Afrikanischen Republik über die Republik Congo, Rwanda, Burundi bis zum Sudan, Uganda, Kenya, zum westlichen Teil von Tansania (Tanganyika) und Zambia (N.-Rhodesien).

Chamaeleo spinosus MATSCHIE

1892 *Chamaeleon spinosus* MATSCHIE, Sitz.-Ber. Ges. naturforsch. Freunde Berlin, 1892: 105. — Terra typica: Derema, Usambara-Berge, Tanganyika.
1911 *Chamaeleon spinosus* — WERNER, Das Tierreich, Berlin, **27**: 38.

Verbreitung: Usambara, Tansania (Tanganyika), Ost-Afrika.

Chamaeleo tempeli TORNIER

1899 *Chamaeleon tempeli* TORNIER, Zool. Anz., Leipzig, **22**: 411; Taf. 2, Fig. 2, 4. — Terra typica: Uzungwe-Berge, Uhehe, Tanganyika.
1900 *Chamaeleon tempeli* var. *wolffi* TORNIER, Zool. Jb., Syst., Jena, **13**: 613; Fig. G. — Terra typica: „Tardalla" (= Tandala), Ukinga-Berge, Tanganyika.
1911 *Chamaeleon tempeli* — WERNER, Das Tierreich, Berlin, **27**: 25.
1911 *Chamaeleon tempeli tempeli* — WERNER, Das Tierreich, Berlin, **27**: 25.
1911 *Chamaeleon tempeli wolffi* — WERNER, Das Tierreich, Berlin, **27**: 25.

Verbreitung: Uzungwe, Ubena- und Ukinga-Berge, Tansania, Ost-Afrika.

Chamaeleo tenuis MATSCHIE

1892 *Chamaeleon tenuis* MATSCHIE, Sitz.-Ber. Ges. naturforsch. Freunde Berlin, **1892**: 106. — Terra typica: Derema, Usambara-Berge, Tanganyika.
1911 *Chamaeleon tenuis* — WERNER, Das Tierreich, Berlin, **27**: 38.

Verbreitung: Usambara, Tansania, Ost-Afrika.

Chamaeleo tigris KUHL

1820 *Chamaeleo tigris* KUHL, Beitr. Zool. vergl. Anat., **1**: 104. — Terra typica: nicht angegeben; nach GUIBÉ 1954: Seychellen.
1820 *Chamaeleo seychellensis* KUHL, Beitr. Zool. vergl. Anat., **1**: 105. — Terra typica: Seychellen.
1845 *Chameleo fimbriatus* GRAY (nomen nudum), Cat. Liz. brit. Mus.: 268.
1911 *Chamaeleon tigris* — WERNER, Das Tierreich, Berlin, **27**: 24; Abb. 6.

Verbreitung: Inseln Mahé, Silhouette, Praslin, Seychellen.

Chamaeleo verrucosus CUVIER

1829 *Chamaeleo verrucosus* CUVIER, Règne anim., Ed. 2, **2**: 60. — Terra typica: „Ile de Bourbon" = Réunion.
?1831 *Chameleon monilifer* GRAY (nomen nudum) in GRIFFITH, Anim. Kingd., **9**, Synops.: 53.

Verbreitung: Madagaskar.

Chamaeleo verrucosus verrucosus CUVIER

1911 *Chamaeleon verrucosus* — WERNER, Das Tierreich, Berlin, **27**: 18.

Verbreitung: Madagaskar. Obwohl auf der ganzen Insel verbreitet, am häufigsten im trockenen südwestlichen Teile.

Chamaeleo verrucosus semicristatus BOETTGER

1894 *Chamaeleon semicristatus* BOETTGER, Zool. Anz., Leipzig, **17**: 138. — Terra typica: Südspitze von Madagaskar.
1911 *Chamaeleon semicristatus* — WERNER, Das Tierreich, Berlin, **27**: 19.

Verbreitung: Südlichstes Madagaskar.

Chamaeleo werneri TORNIER

1899 *Chamaeleon werneri* TORNIER, Zool. Anz., Leipzig, **22**: 258; Fig. 1. — Terra typica: „Maschona-Gebiet", später verbessert: Uzungwe-Gebirge, Uhehe, Tanganyika.

1911 *Chamaeleon werneri* — WERNER, Das Tierreich, Berlin, **27**: 38.
1932 *Chamaeleon werneri dabagae* LOVERIDGE, Bull. Mus. comp. Zool., Cambridge, Mass., **72**: 379. — Terra typica: Dabaga, Uzungwe-Gebirge, Tanganyika.

Verbreitung: Uluguru- und Uzungwe-Gebirge, Tansania, Ost-Afrika.

Chamaeleo wiedersheimi NIEDEN

1910 *Chamaeleon wiedersheimi* NIEDEN, Arch. Naturgesch., Berlin, (A) **76**: 239. — Terra typica: Dorf Tsch'a (Bekom), Bamenda, und Gendero-Gebirge, 1500 m H., Kamerun.
1911 *Chamaeleon wiedersheimi* — WERNER, Das Tierreich, Berlin, **27**: 16.
1922 *Chamaeleon serratus* MERTENS, Zool. Anz., Leipzig, **54**: 191, Abb. — Terra typica: „Südkamerun".

Verbreitung: Kamerun, West-Afrika.

Chamaeleo willsii GÜNTHER

1890 *Chamaeleon willsii* GÜNTHER, Ann. Mag. nat. Hist., London, (6) **5**: 71; Taf. 6. — Terra typica: Waldgebiet östlich von Imerina, Madagaskar.
1911 *Chamaeleon willsi* — WERNER, Das Tierreich, Berlin, **27**: 29.

Verbreitung: Zentral-Madagaskar.

Chamaeleo xenorhinus BOULENGER

1901 *Chamaeleon xenorhinus* BOULENGER, Proc. zool. Soc. London, **1901** 2: 135; Taf. 12. — Terra typica: Ruwenzori, 6000 Fuß H., Uganda.
1911 *Chamaeleon xenorhinus* — WERNER, Das Tierreich, Berlin, **27**: 29.

Verbreitung: Uganda, Republik Congo (Provinz Kivu), Ost-Afrika.

Alphabetisches Register

Der korrekte Name für die typische Gattung dieser Familie lautet *Chamaeleo*, doch ist er häufig, insbesondere in der älteren Literatur, als „*Chamaeleon*“ zitiert. Aus Gründen der Platzersparnis und der Übersichtlichkeit sind diese beiden Namensformen nicht getrennt im Register aufgeführt.

DAS TIERREICH

Eine Zusammenstellung und Kennzeichnung der rezenten Tierformen

Herausgeber
Robert Mertens und Willi Hennig
Schriftleiter: Heinz Wermuth

Lfg.	Bearbeiter	Titel	Ersch.-jahr	Umfang	Preis in DM
45	A. Schmidt	COLEOPTERA: *Aphodiinae*	1922	VI, 614 Seiten, 34 Abbildungen	60,—
46	F. Nieden	AMPHIBIA: *Anura I.*	1923	XXXII, 584 Seiten, 380 Abbildungen	57,75
47	W. Kükenthal	COELENTERATA: *Gorgonaria*	1924	XXVIII,478 Seiten, 209 Abbildungen	72,—
48	J. J. Kieffer	HYMENOPTERA: Proctotrupoidea: *Scelionidae*	1926	XXXVI,885 Seiten, 340 Abbildungen	150,—
49	F. Nieden	AMPHIBIA: *Anura II. Engystomatidae*	1926	XVI, 119 Seiten, 55 Abbildungen	21,—
50	E. Giglio-Tos	ORTHOPTERA: *Mantidae*	1927	XL, 707 Seiten, 6 Abbildungen	123,75
51	H. Stichel	LEPIDOPTERA: *Nemeobiinae*	1928	XXX, 300 Seiten, 197 Abbildungen	65,25
52	C. Graf Attems	MYRIAPODA: *I. Geophilomorpha*	1929	XXIII, 388 Seiten, 307 Abbildungen	90,—
53	F. Kieffer	CRUSTACEA COPEPODA: *II. Cyclopoida Gnathostoma*	1929	XVI, 102 Seiten, 42 Abbildungen	28,10
54	C. Graf Attems	MYRIAPODA: *II. Scolopendromorpha*	1930	XIX, 308 Seiten, 387 Abbildungen	75,—
55	E. Ahl	AMPHIBIA: *Anura III. Polypedatidae*	1931	XVI, 477 Seiten, 320 Abbildungen	116,25
56	S. Thor	ARACHNOIDEA ACARINA: *Bdellidae, Nicoletiellidae, Cryptognathidae*	1931	XIII, 87 Seiten, 93 Abbildungen	28,10
57	M. Beier	PSEUDOSCORPIONIDEA I: Subord. *Chthoniinea* et *Neobisiinea*	1932	XX, 258 Seiten, 271 Abbildungen	60,—

Lfg.	Bearbeiter	Titel	Ersch.-jahr	Umfang	Preis in DM
58	M. Beier	PSEUDOSCORPIONIDEA II: Subord. *Cheliferinea*	1932	XXI, 294 Seiten, 300 Abbildungen	73,10
59	M. Holly	CYCLOSTOMATA	1933	XIV, 62 Seiten, 57 Abbildungen	18,75
60	S. Thor	ACARINA: *Tydeidae, Ereynetidae*	1933	XI, 84 Seiten, 102 Abbildungen	22,50
61	M. Holly	PISCES: *2. Dipnoi*	1933	IX, 20 Seiten, 25 Abbildungen	7,50
62	F. Werner	REPTILIA: *Loricata*	1933	XIV, 40 Seiten, 33 Abbildungen	13,10
63	M. Holly	PISCES: *3. Crossopterygii*	1933	X, 23 Seiten, 30 Abbildungen	7,50
64	F. Bryk	LEPIDOPTERA: *Baroniidae, Teinopalpidae, Parnassiidae I*	1934	XXIII, 131 Seiten, 87 Abbildungen	37,50
65	F. Bryk	LEPIDOPTERA: *Parnassiidae II* (Subfam. *Parnassiinae*)	1935	LI, 790 Seiten, 698 Abbildungen	206,25
66	E. Marcus	ARTHROPODA: *Tardigrada*	1936	XVI, 329 Seiten, 306 Abbildungen	75,—
67	M. Holly	PISCES: *3. Ganoidei*	1936	XVI, 65 Seiten, 56 Abbildungen	18,75
68	C. Graf Attems	MYRIAPODA: *3. Polydesmoidea I.* Fam. *Strongylosomidae*	1937	XXII, 300 Seiten, 343 Abbildungen	75,—
69	C. Graf Attems	MYRIAPODA: *3. Polydesmoidea II.* Fam. *Leptodesmidae, Platyrhachidae, Oxydesmidae, Gomphodesmidae*	1938	XXVIII, 487 Seiten, 509 Abbildungen	121,90
70	C. Graf Attems	MYRIAPODA: 3. *Polydesmoidea III*	1940	XXXII, 568 Seiten, 719 Abbildungen	150,—
71	S. Thor & C. Willmann	ACARINA: *3.—71a: Eupodidae, Penthalodidae, Penthaleidae, Rhagidiidae, Pachygnathidae, Cunaxidae. — 71b: Trombidiidae*	1941/1947	XXXVI, 541 Seiten, 599 Abbildungen	194,60
72	H. Wermuth	REPTILIA: *Helodermatidae*	1958	16 Seiten, 9 Figuren	8,—
73	M. Beier	ORTHOPTERA: *Tettigoniidae* (Pseudophyllinae I)	1962	XII, 468 Seiten, 245 Abbildungen	210,—
74	M. Beier	ORTHOPTERA: *Tettigoniidae* (Pseudophyllinae II)	1960	396 Seiten, 241 Figuren	175,—
75	K. Odening	TREMATODA (Digenea): *Plagiorchiidae* III (Haematoloechinae) und *Omphalometridae*	1960	IV, 77 Seiten, 60 Figuren	32,—

Fortsetzung auf der 4. Umschlagseite

FSC
www.fsc.org
MIX
Papier | Fördert
gute Waldnutzung
FSC® C083411

Zeitfracht Medien GmbH
Ferdinand-Jühlke-Straße 7
99095 Erfurt, Deutschland
produktsicherheit@kolibri360.de